城市综合管廊防水
工程技术手册

杨永起　主　编
金惠荣　胡勇红　副主编

U0340418

中国建材工业出版社

图书在版编目（CIP）数据

城市综合管廊防水工程技术手册/杨永起主编 . --
北京：中国建材工业出版社，2017.11
ISBN 978-7-5160-1998-6

Ⅰ.①城…　Ⅱ.①杨…　Ⅲ.①市政工程—地下管道—
建筑防水—技术手册　Ⅳ.①TU990.3-62

中国版本图书馆 CIP 数据核字（2017）第 206558 号

城市综合管廊防水工程技术手册
主编　杨永起

出版发行：中国建材工业出版社
地　　址：北京市海淀区三里河路 1 号
邮　　编：100044
经　　销：全国各地新华书店
印　　刷：北京雁林吉兆印刷有限公司
开　　本：787mm×1092mm　1/16
印　　张：11
字　　数：270 千字
版　　次：2017 年 11 月第 1 版
印　　次：2017 年 11 月第 1 次
定　　价：**58.00 元**

本社网址：www.jccbs.com　　微信公众号：zgjcgycbs
本书如出现印装质量问题，由我社市场营销部负责调换。联系电话：(010)88386906

本书编委会

组编单位：北京市建设工程物资协会防水分会
北京建筑防水行业诚信联盟
京津冀建筑防水行业协同发展合作组织

主编单位：北京东方雨虹防水技术股份有限公司
北京圣洁防水材料有限公司
北京世纪洪雨科技有限公司

参编单位：唐山德生防水股份有限公司
科顺防水科技股份有限公司
北京普石防水材料有限公司
北京中联天盛建材有限公司
广西金雨伞防水装饰有限公司
常熟市三恒建材有限责任公司
潍坊市宏源防水材料有限公司
北京龙阳伟业科技股份有限公司
衡水中铁建土工材料制造有限公司
北京市建国伟业防水材料有限公司
远大洪雨（唐山）防水材料有限公司
北京万宝力防水防腐技术开发有限公司

编委会主任：孙　哲

编委会委员：金惠荣　杨永起　邹仲元　胡勇红　杨际梅　刘　斌　杜　昕
张秀香　陈伟忠　孙智宁　王　力　王天星　王臣悦　郑凤礼
伍盛江　李德生　吴建明　孙双林　李　勇　许　宁　杜　博
孙　侃　贾兰琴　檀春丽

编写人员：杨永起　刘　胜　韩培亮　彭方灵　唐景坤　王云亮　宗建华
邹培刚　叶　吉　王鹏程　王玉芬　李藏哲　范增昌　杨　昆
罗跃东　甘云浩　戴晓军　孙　锐　郑　丹　赵春波　张宝存
王　帅　王云洋　朱国林　卢振才　梁秀英　李文超　张陆阳
田瑞霞　宋虹燕　甘云浩　胡勇红

前　言

城市综合管廊是保障城市正常运行的重要基础设施。它是实施统一规划、设计、施工和维护，在城市地下铺设的市政管线公用设施，成为城市的"生命线"工程。

巴黎为了控制疾病的传染，1832年兴建了世界上第一条地下综合管廊，开启了兴建城市综合管廊先河。英国、德国、日本、俄罗斯、西班牙、美国、加拿大等都兴建了不同形式的城市综合管廊。

国务院办公厅先后发布《关于加强城市基础设施建设的意见》[国发（2013）36号]、《关于推进城市地下综合管廊建设的指导意见》[国发（2015）61号]，2016年8月16日，住房城乡建设部发布《关于〈提高城市排水防涝能力推进城市地下综合管廊建设〉的通知》，从而推动了国内各主要城市兴建综合管廊的高潮，按照统一规划、统一建设、统一管理的建设模式，对城市市政基础设施进行统一建设和管理，是一项绿色建筑工程和海绵城市建设的重要组成部分。

本书总结了全国各地兴建综合管廊防水工程的设计、施工经验。由北京市建设工程物资协会防水工程分会和京津冀建筑防水行业协同发展合作组织、北京建筑防水行业诚信联盟共同组织防水工程设计、施工、生产方面的专家和科技人员编写。

本书反映了国内防水工程新的材料、新的技术、新的防水系统在综合管廊防水工程的应用，综合展示了防水领域的新成就。

本书主要内容有城市综合管廊技术综述，城市综合管廊防水工程用材料、城市综合管廊防水工程设计、城市综合管廊防水工程细部构造和施工、城市综合管廊防水工程典型案例等，并对国内知名的防水企业和工程予以介绍。

本书编写的目的是总结经验、提升防水工程质量，为国内正在兴建的管廊工程提供经验，共同研讨、共同提高，将我国城市综合管廊防水工程做到完美。

本书在编写过程中采用最新的标准、最新的防水理念、最新的复合防水施工系统。

本书可供管廊工程建设、设计、施工、监理、生产、科研等单位参考。

本书在编写过程中得到了国内的防水设计、施工、生产单位的专家和防水企业的支持和帮助，在此表示感谢。因编者水平有限、时间仓促、难免有不妥之处，请给予谅解和批评指正。

主编

2017 年 6 月

目　　录

第一章　城市综合管廊工程防水技术综述

一、概述

城市地下综合管廊兴建于城市地下，是用于容纳二类以上城市市政管线的构筑物及附属设施，是城市的重要"生命线"，已成为21世纪城市现代化建设的热点和衡量城市现代化的水平之一。在加强城市综合管理和海绵城市建设中，国务院办公厅先后下发了"关于加强城市基础设施建设的意见"[国发（2013）36号]，"关于加强城市地下管线建设管理的指导意见"[国办发（2014）27号]，"关于推进城市地下综合管廊建设的指导意见"[国办发（2015）61号]。2016年已开工建设综合管廊2000km以上。

城市综合管廊按照"统一规划、统一建设、统一管理"的模式，集中铺设了给水、排水、天然气、通信、电力、热力等市政工程管线，统筹了城市管线规划、建设和管理，保障城市安全，改善城市功能，促进城市发展，形成了新型的市政公用管线网络。城市综合管廊建设是以未来智慧城市发展为目标而建设的市政设施。

1. 城市综合管廊的意义

（1）具有节能、节材、节地、环保的绿色建筑概念，为城市地面公共区域提供了宝贵的空间资源，为地下交通、重大工程节约了大量空间。

（2）具有安全性、可靠性及抗震防灾的能力。城市综合管廊工程大都采用钢筋混凝土结构，具有极高的安全性；可靠性是指管廊工程设计、各类管线布局合理、安全、可靠，有相关的规范指导安装施工，并具有防水、防爆、抗震防灾的功能。

（3）维护、维修方便快捷。城市综合管廊工程具有完善可靠的检测系统，能全面有效地对各类管线进行全面的监测，及时发现隐患，及时处理，避免事故的发生。

（4）改善城市整体环境，避免了路面反复开挖，减少环境污染；城市综合地下管廊使车辆不受井盖的影响，从而降低了城市整体噪声，行驶更顺畅。

（5）经济合理、理顺各类部门的管理。过去各部门因利益导致各自规划、互相干扰，反复对地面开挖，造成交通拥堵、污染、施工安全等问题。现在修建城市综合管廊，可以统一规划、统一管理，尽管一次性投资大，但其寿命长达100年，经济上合理、又具有人性化。

总之，修建城市综合管廊具有显著的经济效益和社会效益，也是现代化城市建设的必然之路。截至2015年5月，全国共有69个城市建设了城市综合管廊，已建管廊900km，计划再建770km，总计1600km，总投资约为880亿元。

2. 城市综合管廊现状及发展

城市综合管廊的出现源于1832年法国发生的霍乱，为了抑制疾病的传染，巴黎开工建设了管廊，这是历史上第一条城市综合管廊。至今世界各国共铺设综合管廊近5000km：法国2100km、德国400km、日本2057km、英国22条管廊、西班牙92km、俄罗斯的莫斯科 130km。

我国第一条城市综合管廊是 1958 年在天安门广场修建的 1.3km 地下综合管廊,宽 4m、高 3m、埋深 7～8m,涉及给水、排水、电力、电信、热力等管线,1977 年配合毛主席纪念堂又铺设了 500m。我国管廊分仓最多的是北京中关村管廊,分为五仓,规格 13.9m×2.2m×1.48km。通州北京市副中心、石景山区等将建成 200km 地下管廊。上海浦东开发区从 1992 年至 2001 年共完成 11.125km 地下管廊建设,同时上海浦东世博园、天津、广州、武汉、长沙、珠海、苏州、无锡、石家庄、青岛、昆明、新疆、吉林、辽宁等都在兴建,目前全国各地正在大兴城市综合管廊工程。

1990 年天津市修建新火车站时,在地下修建了一条长 50m、高 5m、宽 10m 综合管廊,包含有电力、电信、给排水等管线。

1994 年,上海浦东新区建成一条较大规模的综合管廊,其内铺设了电力、电信、热力、给水、排水等管线。

2003 年,在广州大学城建设了一条综合管廊长 17.4km,断面尺寸为 7m×2.8m 的管廊。

2005 年,北京中关村科技园区内建成一条地下综合管廊长 1800m,共三层,地下三层为燃气、电力、热力管线,地下二层为商业和停车场,地下一层是贯穿整个社区的交通环廊。

河北曹妃甸工业区下穿纳潮河地下综合管廊,采用 2 根 DN5500 的结构,建成了 1046m 长的管廊,包含有供水、供电、通信、热力、排水。

河北武邑县钢制综合管廊 2016 年开工,2017 年 3 月完工,为钢构管廊。其钢材喷涂一层 2mm 厚的防锈层,外包防水土工布(丙纶布 8g)一道,喷涂速凝橡胶沥青防水涂料 2.0mm 或 3.0mm(加强层),人工喷涂纳米封层涂料一道 200g/m²,钢构内混凝土底板喷涂 2～3mm 速凝橡胶沥青防水涂料,30mm 厚 1∶2.5 水泥砂浆找平层,2.5～3mm 喷涂橡胶沥青涂料防水层,从地面上返 300mm。

北京市 2020 年前将完成 200km 管廊工程,包括 2016 年已开工建设的通州北京市副中心一期、二期管廊工程共 30km,北京东方雨虹防水技术有限公司建设 20km;其他工程包括:北京世界园艺博览会综合管廊、北京新机场综合管廊及一些大型住宅小区的电力、热力、电信、给水、排水等综合管廊。

城市地下管廊开发建设也带动了相关产业发展,地下综合管廊的设计、施工、监测、维护及地下管廊的防水技术都受到较大促进和提高。

二、综合管廊建造技术

以绿色建筑概念为核心,在规划、设计和施工过程中,在保证安全和质量前提下,通过科学管理和创新技术、节约能源和资源、提高效率、减少污染、保护环境,以《城市综合管廊工程技术规程》GB 50838—2015 标准为依据,建造绿色城市综合管廊。

1. 城市综合管廊基本类型

城市综合管廊分为干线综合管廊、支线综合管廊、缆线综合管廊三种。

(1)干线综合管廊位于道路中央下方,向支线管廊提供配送服务,主铺设的管线有电信、有线电视、电力、燃气、给水、排水。其特点为结构断面尺寸大、覆土深、系统稳定,具有高度的安全性，并可维修及检测。

（2）支线综合管廊为干线管廊和终端用户之间联系的通道，一般铺设在干线管廊的两边，通常铺设电力、热力、燃气、通信等管廊，其断面尺寸较小、造价低、系统稳定性、安全性较高。

（3）缆线综合管廊，埋深在人行步道下，其铺设内容为电信、电力等。断面小、埋深浅、维修管理简单。

2. 城市综合管廊基本施工方法

城市综合管廊施工依据地区地质、环境差异及管廊设计功能结构要求，其施工方法采用不同方法，主要有：

（1）明挖法：明挖法又分为明挖基槽支护法和明挖放坡开挖（明挖现浇法、明挖预制件拼装法）。

（2）暗挖法：暗挖法又分预置法（预制顶管法）、盾构法、浅埋暗挖法。

三、城市综合管廊防水工程

1. 防水设计原则

城市综合管廊防水体系是以《地下工程防水技术规范》GB 50108—2008、《地铁设计规范》GB 50157—2013 标准和相关设计图集为原则。

防水设计原则应依照《城市综合管廊工程技术规范》GB 50838 和《地下防水工程技术规范》GB 50108 的规定，综合管廊应依据气候、水文地质、结构特点、管廊功能和使用条件，并应依照管廊主体结构工程寿命 100 年为原则进行防水工程设计。防水等级为二级，特殊要求工程宜为一级，防水施工中对综合管廊工程的变形缝、施工缝和预制构件接缝等关键部位工程应强化防水止水密封技术措施。

综合管廊工程防水涉及的标准：

《地下工程防水技术规范》GB 50108—2008；

《混凝土结构工程施工质量验收规范》GB 50204—2015；

《地下防水工程质量验收规范》GB 50208—2011；

《混凝土结构耐久性设计规范》GB 50476—2008；

《普通混凝土力学性能试验方法标准》GB 50081；

《混凝土外加剂应用技术规范》GB 50119；

《地铁设计规范》GB 50157—2013；

《混凝土结构设计规范》GB 50010—2010；

《混凝土结构工程施工规范》GB 50666—2011；

《装配式混凝土建筑技术标准》GB/T 51231—2016；

《装配式钢结构建筑技术标准》GB/T 51232—2016；

预铺/湿铺防水卷材 GB/T 23457—2009；

自粘聚合物改性沥青防水卷材 GB/T 23441—2009；

高分子防水材料 第 1 部分 片材 GB 18173.1—2012；

高分子防水材料 第 2 部分 橡胶止水带 GB 18173.2—2014；

高分子防水材料 第3部分 遇水膨胀橡胶的止水条 GB 18173.3；

高分子防水材料 第4部分 结构法管片用橡胶密封垫 GB 18173.4—2013；

丁基橡胶防水密封胶粘带 JC/T 942—2004；

遇水膨胀止水胶 JG/T 312—2011；

聚合物水泥防水砂浆 JC/T 984—2011；

聚氨酯防水涂料 GB 19250—2013；

环氧树脂防水涂料 JC/T 2217—2014；

水泥基渗透结晶型防水材料 GB 18445—2012；

2. 防水设计内容

（1）防水等级和设防要点：应做到定位准确、方案可靠、施工简便、耐久适用、经济合理。

（2）防渗混凝土的抗渗等级和其他技术指标，地下工程迎水面主体结构应采用防水混凝土，其强度等级为 C40、防水抗渗等级为 P8。

（3）其他防水层选用的材料及其技术指标，应符合相关标准的规定。

（4）工程细部构造的防水措施，选用的材料及其技术指标，应符合相关标准性能和施工的规定。

（5）工程的防排水系统应具有地面挡水、截水系统及综合管廊工程人员出入口、逃生口、吊装口、排风口等各种洞口的防倒灌措施。

3. 防水等级和设防要求

（1）防水等级

地下管廊工程的防水等级，应根据《城市综合管廊工程技术规范》GB 50838 标准及工程的重要性和使用中对防水的要求由设计选定不低于二级。各级的标准应符合表 1-1 的规定，管廊工程按《城市综合管廊工程技术规程》GB 50838—2015 要求，防水等级为二级，以实际工程为准，重要及特殊要求的宜为一级。

表 1-1 地下工程防水等级

防水等级	标准
一级	不允许渗水，结构表面无湿渍
二级	不允许漏水，结构表面可有少量湿渍
	工业与民用建筑：总湿渍面积不应大于总防水面积（包括顶板、墙面、地面）的 1%；任意 100m² 防水面积上的湿渍不超过 1 处，单个湿渍的最大面积不大于 0.1m²； 地下建筑：总湿渍面积不应大于总防水面积（包括顶板、墙面、地面）的 2/1000；任意 100m² 防水面积上的湿渍不超过 3 处，单个湿渍的最大面积不大于 0.2m²；其中随道工程还要求平均渗水量不应大于 0.05L/（m²·d），任意 100m² 防水面积上的渗水量不应大于 0.15L/（m²·d）。

（2）设防要求

明挖法地下工程的防水设防要求应按表 1-2 选用；暗挖法地下工程的防水设防要求应按表 1-3 选用。

表 1-2　明挖法地下工程防水设防

工程部位	主体结构			施工缝						后浇带				变形缝（诱导缝）				
防水措施	防水混凝土	防水卷材	防水涂料	遇水膨胀止水条（胶）	外贴式止水带	中埋式止水带	自粘丁基橡胶钢板止水带	水泥基渗透结晶型防水涂料	预埋注浆管	补偿收缩混凝土	外贴式止水带	预埋注浆管	遇水膨胀止水条（胶）	中埋式止水带	外贴可卸式止水带	外贴式止水带	防水嵌填密封材料	外涂防水涂料
防水等级 一级	应选	应选一至二种		应选二种						应选	应选二种			应选	应选一至二种			
防水等级 二级	应选	应选一种		应选一至二种						应选	应选一至二种			应选	应选一至二种			

表 1-3　暗挖法地下工程防水设防要求

工程部位	衬砌结构						内衬砌施工缝						内衬砌变形缝（诱导缝）			
防水措施	防水混凝土	塑料防水板	防水砂浆	防水涂料	防水卷材	金属防水层	外贴式止水带	预埋注浆管	遇水膨胀止水条（胶）	防水密封材料	中埋式止水带	水泥基渗透结晶型防水涂料	中埋式止水带	外贴式止水带	可卸式止水带	防水密封材料
防水等级 一级	必选	应选一至二种					应选一至二种		应选一至二种				应选	应选一至二种		
防水等级 二级	应选	应选一种					应选一种		应选一种				应选	应选一种		

（3）防水混凝土：防水混凝土抗渗等级不得小于 P8。防水混凝土的施工配合比应通过试验确定，抗渗等级应比设计要求提高一级（0.2MPa）。防水混凝土的设计抗渗等级，应符合表 1-4 的规定。防水混凝土结构底板的混凝土垫层，强度等级不应小于 C40，厚度不应小于 100mm，在软弱土层中不应小于 150mm。在寒冷地区混凝土的抗冻融循环不得少于 300 次。

表 1-4　防水混凝土设计抗渗等级

工程埋置深度（m）	设计抗渗等级	工程埋置深度（m）	设计抗渗等级
$H<10$	P6	$20\leqslant H<30$	P10
$10\leqslant H<20$	P8	$H\geqslant30$	P12

4. 明挖法现浇混凝土管廊防水施工

防水混凝土强度等级为 C40、结构厚度不应小于 250mm，裂缝宽度不应大于 0.2mm，并不得贯通。钢筋保护层厚度迎水面不应小于 50mm。混凝土中水泥品种宜选用硅酸盐水泥，混凝土中各类材料氯离子含量不应超过混凝土胶凝材料总量的 0.1%，并应严格控制活性物料，以保证主体结构寿命 100 年。

外防外贴式铺设防水层遵从《地下工程防水技术规范》GB 50108 和《地下防水工程质量验收规范》GB 50208 要求。根据国内不同地区，不同型式的管廊工程来分析（具体见管廊工程施工案例），除个别采用传统的弹性体（SBS）改性沥青防水卷材外，大多数工程都采用新型的产品如下：

（1）高分子防水卷材类，自粘性聚合物改性沥青防水卷材（有胎和无胎）。该卷材突出的特点是柔韧性好、延伸率高、强度高，适用于明挖法外层防水施工。

（2）防水涂料：非固化橡胶沥青防水涂料、速凝橡胶沥青防水涂料、聚氨酯防水涂料、聚合物水泥防水涂料等。这些涂料同基层粘合性好，形成一层贴覆式防水层，有效地防止渗漏。

（3）复合防水施工

目前最好的防水技术就是采用上述防水卷材和防水涂料，用复合法形成复合防水层。为确保工程质量，复合法施工应按下列规定要求进行设计。

① 复合防水层采用防水卷材和防水涂料应具有相容性；

② 复合防水层应是防水卷材铺设在防水涂料的上面；按工程需求亦可二者反置。

③ 复合防水层采用的防水卷材应是带有自粘胶膜或增强胎布；

④ 复合防水层在搭接处应做好封口密封处理。

（4）按管廊工程二级防水要求，并根据现行工程做法，防水材料应按表 1-5～表 1-7 选用。

表 1-5 管廊顶板防水材料

	序号	材料	厚度（mm）
管廊顶板防水层	1	预铺反粘高分子防水卷材	1.5
	2	喷涂速凝橡胶沥青防水涂料	2
	3	非固化橡胶沥青防水涂料（喷涂或涂抹）	1.5
	4	非固化橡胶沥青防水涂料（喷涂或涂抹） 反应型自粘高分子防水卷材	1.2 1.2
	5	非固化橡胶沥青防水涂料 自粘聚合物改性沥青防水卷材	1.2 1.2
	6	聚合物水泥胶粘剂 聚乙烯（LDPE）丙纶防水卷材	1.5 1.2

表 1-6 侧墙外防外贴防水材料

	序号	材料	厚度（mm）
侧墙外防外贴	1	单组分聚氨酯沥青涂料	2
	2	反应型自粘防水卷材	2
	3	速凝橡胶沥青防水涂料	2
	4	热熔橡胶沥青防水涂料 反应型自粘高分子防水卷材	1.2 1.2
	5	非固化橡胶沥青防水涂料 聚乙烯（LDPE）丙纶卷材	1.2 1.2

表 1-7 外防内贴防水材料

	序号	材料	厚度（mm）
底板	1	预铺/湿铺高分子自粘胶膜防水卷材	1.2
	2	TPO预铺反粘＋热焊接	1.5
	3	聚合物水泥粘结料 聚乙烯（LDPE）丙纶增强复合反水卷材	1.5 1.2
	4	速凝橡胶沥青防水涂料	2.0

注：可从顶板和侧墙防水系统选用。

5. 明挖预制拼装防水施工

（1）采用结构自防水为主，混凝土强度等级≥C40，防水等级P8。

（2）不同结构型式的接缝防水密封处理是防水重点，应对接缝密封材料进行严格的选用，并通过验证试验来确认，接缝处应做增强防水处理。

（3）必要时可以采用结构外包式防水处理，涂刷渗透结晶型防水材料。

6. 城市综合管廊防水工程案例

当前国内城市综合管廊工程多是以明挖式、现浇混凝土结构为主，其防水工程采用新型自粘高分子防水卷材同涂料复合施工或预铺/湿铺施工做法进行外包式防水施工，包括底板侧墙和顶板防水工程。在管廊防水工程中的各类型施工做法（典型案例）如下：

（1）公主岭市地下综合管廊PPP项目采用自粘聚合物改性沥青防水卷材复合做法。

（2）长子县南北大街地下综合管廊施工案例采用强力交叉膜自粘做法。

（3）太原市晋源东区综合管廊工程案例采用高分子自粘胶膜复合做法。

（4）新疆乌鲁木齐新医路西延综合管廊防水工程案例采用弹性体（SBS）改性沥青防水卷材做法。

（5）苏州城北路综合管廊防水工程案例采用反应型丁基橡胶自粘防水卷材复合做法。

（6）三亚市海棠湾海榆东线地下综合管廊防水工程案例采用反应粘结型高分子湿铺防水卷材做法。

（7）北京市副中心行政办公区地下综合管廊工程和北京世博园会园区地下综合管廊工程采用聚乙烯LDPE复合防水卷材与聚合物水泥胶结料复合做法。

（8）重庆国际会展中心配套市政管廊工程案例采用高分子三合一复合防水卷材做法。

（9）北京中关村西区地下综合管廊防水工程案例采用自粘聚合物改性沥青防水卷材复合做法。

（10）北京保险产业园综合管廊工程防水工程采用自粘聚合物改性沥青-热熔橡胶沥青涂料复合做法。

（11）河北省正定新区管廊防水工程案例采用高分子自粘胶膜预铺反粘做法。

（12）潍坊鸢飞路综合管廊防水工程案例采用自粘改性沥青防水卷材非固化橡胶沥青防水涂料复合做法。

（13）北京新机场工作区工程地下综合管廊施工案例采用非固化＋自粘防水卷材复合施工做法。

第二章　城市综合管廊防水工程用材料

第一节　防水混凝土

一、防水混凝土结构是城市综合管廊工程最重要、最基本的结构骨架

防水混凝土采用水泥、砂石、矿物料、外加剂等为原料，通过科学合理的配合比配置而成。对不同的工程和设计要求防水混凝土的配合比要进行调整。其耐久性应符合《城市综合管廊工程技术规范》GB 50838—2015 的规定，寿命不低于 100 年。抗渗等级应符合表 2-1 要求。

表 2-1　防水混凝土设计抗渗等级

埋置深度（m）	设计抗渗等级
$H<10$	P6
$10{\leqslant}H<20$	P8
$20{\leqslant}H<30$	P10
$H{\geqslant}30$	P12

二、防水混凝土配制规定

1. 防水混凝土应符合现行标准《地下工程防水规范》GB 50108 的规定；
2. 防水混凝土配合设计：

（1）宜采用硅酸盐水泥或普通硅酸盐水泥，其用量不小于 320kg/m³，强度等级应≥C40，抗渗等级 P8。

（2）砂率宜为 40％左右，泵送混凝土可适当提高。

（3）制备泵送混凝土时应符合《预拌混凝土》GB/T 14902、《混凝土质量控制标准》GB 50164 和《混凝土耐久性设计规范》GB 50476 等相关标准的规定。

第二节　防水卷材

一、概述

防水卷材是建筑防水材料重要品种之一，在建筑防水工程中起着重要的作用，广泛应用于建筑物地上、地下和其他特殊构筑物，是一种面广量大的防水材料。

建筑防水卷材目前的品种已由单一的沥青油毡发展到几十种具有不同物理性能的高、中档新型防水卷材。常用的防水卷材按照材料的组成不同，可分为沥青防水卷材、高聚物改性防水卷材、合成高分子防水卷材及金属卷材等。

二、防水卷材的分类及特点

1. 高聚物改性沥青防水卷材分类及特点

（1）弹性体（SBS）改性沥青防水卷材（GB 18242）

具有耐高温、低温性能，高弹性和耐疲劳性，可单层或双层铺设。

（2）塑性体（APP）改性沥青防水卷材（GB 18243）

具有良好的强度、延伸性、耐热性、耐紫外线照射及耐老化性能。

（3）自粘聚合物改性沥青聚酯胎防水卷材（GB/T 23441）

由 SBS 或 SBR 改性沥青制备无胎基的防水卷材，特点是具有自粘合性、高的延伸性、高的柔韧性，适于各类防水工程，最适用于地下工程、隧道等工程。

（4）预铺/湿铺防水卷材（GB/T 23457）。

对基面要求低，施工自由度高，不受天气变化的影响，能在潮湿基面上施工。可缩短工期，节约成本。可满粘，安全环保。

2. 合成高分子防水卷材分类及特点

（1）三元乙丙橡胶防水卷材（GB 18173.1）

防水性能优异，耐候性好、耐臭氧性好、耐化学腐蚀性佳，弹性和抗拉强度大，对基层变形开裂的适应性强，质量轻，使用温度范围宽，寿命长，适用于使用年限要求长的工业与民用建筑。单层或复合使用冷粘法或自粘法。

（2）丁基橡胶防水卷材（GB 18173.1）

有较好的耐候性、抗拉强度和伸长率，耐低温性能稍低于三元乙丙防水卷材。单层或复合适用于要求较高的屋面防水工程。

（3）氯化聚乙烯防水卷材（GB 12953）

具有良好的耐候、耐臭氧、耐热老化、耐油、耐化学腐蚀及抗撕裂的性能。单层或复合使用，宜用于紫外线强的炎热地区。

（4）聚氯乙烯防水卷材（GB 12952）

具有较高的拉伸和撕裂强度，伸长率较大，耐老化性能好，原材料丰富，价格便宜，容易粘结。单层或复合适用于外露或有保护层的屋面防水，冷粘法或热风焊接法施工。

（5）聚乙烯丙纶复合防水卷材（GB/T 26518《高分子增强复合防水片材》）

该卷材具有抗渗漏能力强、拉伸强度大、低温柔性好、稳定性好、无毒、变形适应能力强、适应温度范围宽、使用寿命长等良好的综合性能。

（6）热塑性聚烯烃（TPO）防水卷材

具有高强度、耐久性好、延伸率高的特点，常用于单层金属屋面，是一种有发展前景的防水卷材。适合与多种材料的基层粘合，可与水泥材料和各种防水涂料在凝固过程中直接粘合，可在基层潮湿情况下粘贴使用。

三、高聚物改性防水卷材

高聚物改性沥青防水卷材是目前广泛应用的沥青防水卷材，常用的该类防水卷材有 SBS 改性沥青防水卷材、自粘聚合物改性沥青防水卷材、预铺/湿铺防水卷材等。

1. 弹性体 SBS 改性沥青防水卷材

（1）类型与品种

弹性体 SBS 改性沥青卷材的类型与品种见表 2-2。

表 2-2　卷材类型和品种

胎基-上表面材料	聚酯胎	玻纤胎
聚乙烯膜（PE 膜）	PY-PE	G-PE
细砂（S）	PY-S	G-S
矿物粒料（M）	PY-M	G-M

（2）卷材规格

长：15m、10m 和 7.5m；宽：100mm；厚：2mm、3mm 和 4mm。

（3）特点及物理性能

SBS 改性沥青防水卷材的最大特点是低温柔性好，冷热地区均适用，特别适用于寒冷地区，可用于各类防水等级的地下防水工程、综合管廊结构防水工程。施工可采用热熔法，亦可采用冷粘法。物理力学性能符合 GB 18242《弹性体（SBS）改性沥青防水卷材》标准。

2. 自粘聚合物改性沥青防水卷材（GB/T 23441）

（1）类型：产品按有无胎基增强分为无胎基（N 类）、聚酯胎基（PY）类。

（2）规格：宽度：1000mm、2000mm。公称面积：10m²、15m²、20m²、30m²。厚度：N 类：1.2mm、1.5mm、2.0mm；PY 类：2.0mm、3.0mm、4.0mm。

（3）特点自粘聚合物改性沥青防水卷材是一种具有广泛发展前景的新型建筑防水材料。具有不透水性，低温柔性、延伸性能、自愈性、粘结性能好等特点，可复合施工，施工速度快，能保证建筑防水工程质量，适用于综合管廊、地下防水工程，其性能见表 2-3、表 2-4。

表 2-3　无胎基（N 类）自粘聚合物改性沥青防水卷材的性能指标

序号	项目		指标				
			PE		PET		D
			Ⅰ	Ⅱ	Ⅰ	Ⅱ	
1	拉伸性能	拉力（N/50mm）　≥	150	200	150	200	——
		最大拉力时延伸率（%）　≥	200		30		——
		沥青断裂延伸率（%）　≥	250		150		450
		拉伸时现象	拉伸过程中，在膜断裂前无沥青涂盖层与膜分离现象				——
2	钉杆撕裂强度（N）　≥		60	110	30	40	——
3	耐热性		70℃滑动不超过 2mm				

序号	项目		指标				
			PE		PET		D
			Ⅰ	Ⅱ	Ⅰ	Ⅱ	
4	低温柔性（℃，无裂纹）		−20	−30	−20	−30	−20
5	不透水性		0.2MPa，120min 不透水				——
6	剥离强度（N/mm）≥	卷材与卷材	1.0				
		卷材与铝板	1.5				
7	钉杆水密性		通过				
8	渗油性（张数）≤		2.0				
9	持粘性（min）≥		20				
10	热老化	拉力保持率（%）≥	80				
		最大拉力时延伸率（%）≥	200		30	400（沥青层断裂延伸率）	
		低温柔性（℃）	−18	−28	−18	−28	−18
			无裂纹				
		剥离强度卷材与铝板（N/mm）≥	1.5				
11	热稳定性	外观	无鼓起、皱褶、滑动、流淌				
		尺寸变化率（%）≤	2.0				

表 2-4 聚酯胎基（PY 类）自粘聚合物改性沥青防水卷材的性能指标

序号	项目			指标	
				Ⅰ	Ⅱ
1	可溶物含量（g/m²）≥		2.0mm	1300	——
			3.0mm	2100	
			4.0mm	2900	
2	拉伸性能	拉力（N/50mm）≥	2.0mm	350	——
			3.0mm	450	600
			4.0mm	450	800
		最大拉力时延伸率（%）≥		30	40
3	耐热性			70℃无滑动、流淌、滴落	
4	低温柔性（℃）			−20	−30
				无裂纹	
5	不透水性			0.3MPa，120min 不透水	
6	剥离强度（N/mm）≥		卷材与卷材	1.0	
			卷材与铝板	1.5	
7	钉杆水密性			通过	
8	渗油性（张数）≤			2.0	
9	持粘性≥			15	

序号	项目		指标	
			Ⅰ	Ⅱ
10	热老化	最大拉力时延伸率（%） ≥	30	40
		低温柔性（℃）	−18	−28
			无裂纹	
		剥离强度卷材与铝板（N/mm）≥	1.5	
		尺寸稳定性（%） ≤	1.5	1.0
11	自粘沥青再剥离强度（N/mm） ≥		1.5	

3. 预铺/湿铺防水卷材（GB/T 23457）

（1）类型

① 产品按施工方式分为预铺（Y）、湿铺（W）。

② 产品按主体材料分为高分子防水卷材（P类）、沥青基聚酯防水卷材（PY类）。

③ 产品按粘结表面分为单面粘合（S）、双面粘合（D），其中沥青基聚酯胎防水卷材（PY类）宜为双面粘合。

④ 湿铺产品按性能分为Ⅰ型和Ⅱ型。

（2）规格

① 预铺防水卷材产品厚度

P类：高分子主体材料厚度为：0.7mm、1.2mm、1.5mm，对应的卷材全厚度为1.2mm、1.7mm、2.0mm。

PY类：4mm。

② 湿铺防水卷材产品厚度

P类：1.2mm、1.5mm、2.0mm；PY类：3mm、4mm。

（3）预铺防水卷材物理力学性能（表2-5）。

表2-5　预铺防水卷材物理力学性能

序号	项目		指标	
			P	PY
1	可溶物含量（g/m²） ≥		—	2900
2	拉伸性能	拉力（N/50mm） ≥	500	800
		膜断裂拉伸率（%） ≥	400	—
		最大拉力时伸长率（%） ≥	—	40
3	钉杆撕裂强度（N） ≥		400	200
4	冲击性能		直径（10±0.1）mm，无渗漏	
5	静态荷载		20kg，无渗漏	
6	耐热性		70℃，2h无位移，流淌，滴落	
7	低温弯折性		−25℃，无裂纹	—
8	低温柔性		—	−25℃，无裂纹

序号	项目		指标	
			P	PY
9	渗油性（张数）≤		—	2
10	防窜水性		0.6MPa，不窜水	
11	与后浇混凝土剥离强度（N/mm）≥	无处理	2.0	
		水泥粉污染表面	1.5	
		泥沙污染表面	1.5	
		紫外线老化	1.5	
		热老化	1.5	
12	与后浇混凝土浸水后剥离强度（N/mm）≥		1.5	
13	热老化（70℃，168h）	拉力保持率（%）≥	90	
		伸长率保持率（%）≥	80	
		低温弯折率	−23℃，无裂纹	—
		低温柔性	—	−23℃，无裂纹
14	热稳定性	外观	无起皱，滑动，流淌	
		尺寸变化（%）≤	2.0	

（4）湿铺防水卷材物理力学性能（表 2-6）。

表 2-6 湿铺防水卷材物理力学性能

序号	项目			指标			
				P		PY	
				Ⅰ	Ⅱ	Ⅰ	Ⅱ
1	可溶物含量（g/m²）≥		3.0mm	—		2100	
			4.0mm			2900	
2	拉伸性能	拉力（N/50mm）≥		150	200	400	600
		最大拉力时伸长率（%）≥		30	150	30	40
3	撕裂强度（N）≥			12	25	180	300
4	耐热性			70℃，2h无位移，流淌，滴落			
5	低温柔性（℃）			−15	−25	−15	−25
				无裂纹			
6	不透水性			0.3MPa，120min不透水			
7	卷材与卷材剥离强度（N/mm）≥	无处理		1.0			
		热处理		1.0			
8	渗油性（张数）≤			2.0			
9	持粘性（min）≥			15			
10	与水泥砂浆剥离强度（N/mm）≥	无处理		2.0			
		热老化		1.5			

序号	项目		指标			
			P		PY	
			Ⅰ	Ⅱ	Ⅰ	Ⅱ
11	与水泥砂浆浸水后剥离强度（N/mm） ≥		1.5			
12	热老化（70℃，168h）	拉力保持率（%） ≥	90			
		伸长率保持率（%） ≥	80			
		低温柔性（℃）	−13	−23	−13	−23
			无裂纹			
13	热稳定性	外观	无起鼓，滑动，流淌			
		尺寸变化（%） ≤	2.0			

四、带自粘层的防水卷材（GB 23260—2009）

此种卷材是在改性沥青类、橡胶类、树脂类防水卷材的表面涂覆一层用于冷施工的自粘层。

1. 产品分类

（1）产品名称为"带自粘层的＋主体材料防水卷材。"

（2）规格：产品的规格按相应主体材料标准的要求。

（3）标记：按本标准名称、主体材料标准标记方法和本标准编号顺序标记。

2. 主体材料产品要求

带自粘层的防水卷材主体材料应符合相关产品现行标准要求，部分相关国家和行业标准见表2-8。

表 2-8　部分相关国家和行业标准

序号	标准名称
1	GB 12952 聚氯乙烯（PVC）防水卷材
2	GB 12953 氯化聚乙烯防水卷材
3	GB 18173.1 高分子防水材料　第1部分　片材
4	GB 18242 弹性体改性沥青防水卷材
5	GB 18967 改性沥青聚乙烯胎防水卷材
6	JC/T 684 氯化聚乙烯-橡胶共混防水卷材
7	GB 27789 热塑性聚烯烃（TPO）防水卷材

3. 自粘层物理力学性能

产品的自粘层物理性能应符合表2-9的要求。

表 2-9　自粘层物理力学性能

序号	项目		指标
1	剥离强度（N/mm）	卷材与卷材	≥1.0
		卷材与铝板	≥1.5
2	浸水后剥离强度（N/mm）		≥1.5
3	热老化后剥离强度（N/mm）		1≥.5
4	自粘面耐热性		70℃，2h 无流淌
5	持粘性（min）		≥15

五、合成高分子防水卷材

1. 合成高分子防水卷材分类

合成高分子防水卷材是以合成橡胶、合成树脂或两者的共混体为基料，加入适量的化学助剂和填充料，采用密炼、挤出或压延等橡胶或塑料的加工工艺所制成的片状防水材料。

合成高分子防水卷材是近年发展起来的性能优良的防水卷材新品种，其分类见表 2-10。

表 2-10　片材的分类（GB 18173.1）

分类		代号	主要原材料
均质片	硫化橡胶类	JL1	三元乙丙橡胶
		JL2	橡胶（橡塑）共混
		JL3	氯丁橡胶、氯磺化聚乙烯、氯化聚乙烯等
		JL4	再生胶
	非硫化橡胶类	JF1	三元乙丙橡胶
		JF2	橡胶（橡塑）共混
		JF3	氯化聚乙烯
	树脂类	JS1	聚氯乙烯等
		JS2	乙烯醋酸乙烯共聚物、聚乙烯等
		JS3	乙烯醋酸乙烯共聚物与改性沥青共混等
复合片	硫化橡胶类	FL	三元乙丙、丁基、氯丁橡胶、氯磺化聚乙烯/织物
	非硫化橡胶类	FF	氯化聚乙烯、三元乙丙、丁基、氯丁橡胶、氯磺化聚乙烯/织物
	树脂类	FS1	聚氯乙烯/织物
		FS2	聚乙烯、乙烯醋酸乙烯
点粘片	树脂类	DS1	聚氯乙烯/织物
		DS2	乙烯醋酸乙烯共聚物/织物、聚乙烯/织物
		DS3	乙烯醋酸乙烯共聚物与改性沥青共混物/织物

2. 高分子卷材的规格

合成高分子防水卷材的规格见表 2-11（GB 18173.1）。

表 2-11 合成高分子防水卷材的规格（GB 18173.1）

项目	厚度（mm）	宽度（m）	长度（m）
橡胶类	1.0, 1.2, 1.5, 1.8, 2.0	1.0, 1.1, 1.2	≥20[a]
树脂类	0.5 以上	1.0, 1.2, 1.5, 2.0, 2.5, 3.0, 4.0, 6.0	

注：[a] 橡胶类片材在每卷 20m 长度中允许有一处接头，且最小块长度应不小于 3m，并应加长 15cm 备作搭接；树脂类片材在每卷至少 20m 长度内不允许有接头。

表 2-12 片材规格尺寸允许偏差（GB 18173.1）

项目	厚度（mm）		宽度（m）	长度
允许偏差	<1.0	≥1.0	±1%	不允许出现负值
	±10%	±5%		

3. 合成高分子卷材物理性能

合成高分子均质片的物理性能见表 2-13；复合片的物理性能见表 2-14。

表 2-13 合成高分子均质片的物理性能

项目		指标									
		硫化橡胶类				非硫化橡胶类			树脂类		
		JL1	JL2	JL3	JL4	JF1	JF2	JF3	JS1	JS2	JS3
拉伸强度（MPa）	常温（23℃）≥	7.5	6.0	6.0	2.2	4.0	3.0	5.0	10	16	14
	高温（60℃）≥	2.3	2.1	1.8	0.7	0.8	0.4	1.0	4	6	5
拉断伸长率（%）	常温（23℃）≥	450	400	300	200	400	200	200	200	550	500
	低温（−20℃）≥	200	200	170	100	200	100	100	—	350	300
撕裂强度（kN/m）≥		25	24	23	15	18	10	10	40	60	60
不透水性（30min）		0.3MPa 无渗漏		0.2MPa 无渗漏		0.3MPa 无渗漏		0.2MPa 无渗漏		0.3MPa 无渗漏	
低温弯折（℃）≤		−40	−30	−30	−20	−30	−20	−20	−20	−35	−35
加热伸缩量（mm）	延伸≤	2	2	2	2	2	4	4	2	2	2
	收缩≤	4	4	4	4	4	6	10	6	6	6
热空气老化（80℃×168h）	拉伸强度保持率（%）≥	80	80	80	80	90	60	80	80	80	80
	拉断伸长率保持率（%）≥	70	70	70	70	70	70	70	70	70	70
耐碱性（23℃×168h）	拉伸强度保持率（%）≥	80	80	80	80	80	70	70	80	80	80
	拉断伸长率保持率（%）≥	80	80	80	80	90	80	70	80	90	90

项目		指标									
		硫化橡胶类				非硫化橡胶类			树脂类		
		JL1	JL2	JL3	JL4	JF1	JF2	JF3	JS1	JS2	JS3
人工气候老化	拉伸强度保持率（%）≥	80	80	80	80	80	70	80	80	80	80
	拉断伸长率保持率（%）≥	70	70	70	70	70	70	70	70	70	70
粘结剥离强度（片材与片材）	标准试验条件（N/mm）	1.5									
	浸水保持率（23℃×168h，%）≥	70									

注：非外露使用可以不考核臭氧老化、人工气候老化、加热伸缩量、60℃拉伸强度性能。

表 2-14　合成高分子复合片的物理性能

项目		指标			
		硫化橡胶类	非硫化橡胶类	树脂类	
		FL	FF	FS1	FS2
拉伸强度（MPa）	常温（23℃）≥	80	60	100	60
	高温60℃≥	30	20	40	30
拉断伸长率/%	常温（23℃）≥	300	250	150	400
	低温−20℃≥	150	50	—	300
撕裂强度（kN/m）≥		40	20	20	50
不透水性（0.3MPa，30min）		无渗漏	无渗漏	无渗漏	
低温弯折温度（℃）≤		−35	−20	−30	−20
加热伸缩量（mm）	延伸≤	2	2	2	2
	收缩≤	4	4	2	4
热空气老化（80℃×168h）	拉伸强度保持率（%）≥	80	80	80	80
	拉断伸长率保持率（%）≥	70	70	70	70
耐碱性（质量分数为10%的 Ca（OH）$_2$溶液23℃×168h）	断裂拉伸强度保持率（%）≥	80	60	80	80
	拉断伸长率保持率（%）≥	80	60	80	80
人工气候老化	拉伸强度保持率（%）≥	80	70	80	80
	扯断伸长率保持率（%）≥	70	70	70	70

项目		指标			
		硫化橡胶类	非硫化橡胶类	树脂类	
		FL	FF	FS1	FS2
粘结剥离强度（片材与片材）	标准试验条件（N/mm）	1.5			
	浸水保持率（常温×168h）（%）≥	70			
臭氧老化（40℃×168h）		无裂纹		—	
复合强度（FS2型表层与芯层）（MPa）		—	—	—	0.8

注：1. 人工气候老化和粘合性能项目为推荐项目。
　　2. 非外露使用可以不考核臭氧老化、人工气候老化、加热伸缩量、高温（60℃）拉伸强度性能。

4. 常用合成高分子防水卷材

（1）三元乙丙橡胶防水卷材

三元乙丙橡胶防水卷材简称 EPDM，属于硫化橡胶类，它具有耐老化、使用寿命长、弹性好、拉伸力强度高、伸长率大，对基层伸缩或开裂变形适应性强以及耐高低温性能好、质量轻、可单层施工等特点，因此在国内外发展很快，产品在国内属高档防水材料。

本类产品适用于屋面、地下室、地下管廊、地下铁道、桥梁、隧道工程防水等。

三元乙丙橡胶防水卷材的物理性能应符合 GB 18173.1 标准的要求。

（2）聚烯烃（TPO）防水卷材

聚烯烃（TPO）防水卷材最适宜用于单层冷粘外露防水施工法做屋面的防水层，也适用于有保护层的屋面或楼地面、地下、游泳池、隧道、涵洞等中高档建筑防水工程。

TPO 防水卷材按标准分为均质型（H）、背衬型（L）、增强型（P）和聚酯增强背衬型（PH），其性能见表 2-15，卷材可用于屋面、地下等工程，尤其用于单层屋面防水工程。

表 2-15　TPO 材料性能指标

序号	项目		指标		
			H	L	P
1	中间胎基上面树脂层厚度（mm）≥		—		0.40
2	拉伸性能	最大拉力（N/cm）≥	—	200	250
		拉伸强度（MPa）≥	12.0		
		最大拉力时伸长率（%）≥	—	—	15
		断裂伸长率（%）≥	500	250	
4	热处理尺寸变化率（%）≤		2.0	1.0	0.5
5	低温弯折性		-40℃无裂纹		
6	不透水性		0.3MPa，2h不透水		
7	抗冲击性能		0.5kg·m，不渗水		
8	抗静态荷载		—	—	20kg 不渗水

序号	项目	指标		
		H	L	P
9	接缝剥离强度（N/mm）≥	4.0 或卷材破坏	3.0	
10	直角撕裂强度（N/mm）≥	60	—	—
11	梯形撕裂强度（N）≥	—	250	450
12	吸水率（70℃，168h，%）≤	4.0		

（3）聚乙烯丙纶复合防水卷材

聚乙烯丙纶复合防水卷材以聚乙烯（LDPE）树脂为主，由两个增强的表面层与夹在中间的高分子主防水层复合制成。其两个表面层则由强度很高的新型丙纶长丝无纺布构成，中间主防水层可以是聚乙烯防水片材，其性能见表 2-16。

本品具有良好的综合技术性能，机械强度高、耐化学性、耐候性、柔韧性好、线胀小、稳定性好，适应温度范围宽，最突出的特点是表面粗糙均匀，易粘结，适合与多种材料粘合，聚乙烯丙纶复合防水卷材应采用与之相配套的聚合物水泥防水粘结料，共同组成复合防水层，聚乙烯丙纶复合防水卷材和非固化橡胶沥青防水涂料亦可形成复合防水。聚乙烯丙纶复合防水卷材标准为《高分子增强复合防水卷材》GB 26518。

表 2-16　聚乙烯丙纶复合防水卷材的性能指标

项目		性能指标
断裂拉伸强度（常温）（N/cm）		≥60×80%
扯断伸长率（常温）（%）		≥400×50%
热空气老化（80℃×168h）[a]	断裂拉伸强度保持率（%）	≥80
	扯断伸长率保持率（%）	≥70
不透水性（0.3MPa，30min）		不透水
撕裂强度（N）		≥20

注：[a] 对于热空气老化，仅当聚乙烯丙纶复合防水卷材用于地面辐射采暖工程时才作要求。

（4）聚氯乙烯（PVC）防水卷材（GB 12952）

聚氯乙烯防水卷材是以聚氯乙烯树脂（PVC）为主要原料，掺入适量的改性剂、抗氧化剂、紫外线吸收剂、着色剂、增充剂等，经捏合、塑化、提炼压延、整形、检验、包装等工序加工制成可卷曲的片状防水材料。

软质 PVC 卷材的特点是防水性能良好，低温柔性好，尤其是以癸二酸二丁酯作增塑剂的卷材，冷脆点低达-60℃。由于 PVC 来源丰富，原料易得，故在聚合物防水卷材中价格比较便宜。PVC 卷材的粘结采用热焊法或溶剂（如四氢呋喃 THF 等）粘结法，无底层 PVC 卷材收缩率较高，达 1.5%~3%。

该类卷材适用于大型屋面板、空心板做防水层，亦可做刚性层下的防水层及旧建筑物混凝土构件屋面的修缮，以及地下室或地下工程的防水、防潮以及水池、贮水槽及污水处理池的防渗。

表 2-17 聚氯乙烯（PVC）防水卷材性能（GB 12952—2011）

序号	项目		指标				
			H	L	P	G	GL
1	中间胎基上面树脂层厚度（mm）≥		—		0.40		
2	拉伸性能	最大拉力（N/cm）≥	—	120	250	—	120
		拉伸强度（MPa）≥	10.0	—	—	10.0	—
		最大拉力时伸长率（%）≥	—		15		
		断裂伸长率（%）≥	200	150	—	200	100
3	热处理尺寸变化率（%）≤		2.0	1.0	0.5	0.1	0.1
4	低温弯折性		—25℃，无裂纹				
5	不适水性		0.3MPa，2h不透水				
6	抗冲击性		0.5kg·m不渗水				
7	抗静态荷载		—	—	20kg不渗水		
8	接缝剥离强度（N/mm）≥		4.0或卷材破坏		3.0		
9	直角撕裂强度（N/mm）≥		50	—		50	
10	梯形撕裂强度（N/mm）≥		—	150	250		220
11	吸水率（70℃、168h，%）	注水后≤	4.0				
		凉置后≥	0.40				
12	热老化（80℃）	时间	672h				
		外观	无起泡、裂纹、分层、粘结和孔洞				
		拉伸强度保持率（%）	85	—	—	85	—

（5）塑料防护排水板（JC/T 2112）

塑料防护排水板分以聚乙烯为主材的排水板性能见表 2-18。

表 2-18 塑料防护排水板

塑料防护排水板 JC/T 2112—（以聚乙烯为主材的）		
单面面积质量（g/m²）		不小于生产商明示值
凹凸高度（mm）		8、12、20
撕裂性能（N）		100
抗压强度 kPa≥		150
最大拉力 N/100mm≥		600
断裂伸长率%≥		25
低温柔度		—10℃，无裂纹
纵向通水量≥		10cm³/s（侧向压力 150kPa）
热老化 80℃，168h	最大拉力保持率≥80%	90%
	压缩率为 10%内强度保持率	80%
	低温柔度（—5℃，无裂）	—10℃

六、种植屋面用耐根穿刺防水卷材

种植屋面用耐根穿刺防水卷材分为改性沥青类（B）、塑料类（R），改性沥青厚度不小于 4.0mm，其他两类厚度不小于 1.2mm。该类卷材除符合应用性能表 2-7 要求外，还应符合相关卷材的产品性能。

表 2-7　种植屋面用耐根穿刺防水卷材应用性能指标

序号	项目		技术指标
1	耐根穿刺性能		通过
2	耐霉菌腐蚀性	防霉等级	0 级或 1 级
		拉力保持率% ≥	80
3	尺寸变化率% ≤		1

耐根穿刺性能和霉菌腐蚀性按标准 JC/T 1067—2008 执行。

第三节　防水涂料

一、防水涂料概述

防水涂料是以高分子材料为主体，在常温下呈无定形液态，经涂刷后能在结构物表面固化形成具有相当厚度并有一定弹性的防水膜的物料总称。

（1）从组成成分上分为单组分产品和双组分产品。

（2）按成分分为沥青基防水涂料、高聚物改性沥青基防水涂料、合成高分子防水涂料。

（3）按分散介质分为溶剂型和水性两大类防水涂料。

（4）根据涂料的液态类型，可分为溶剂型、水乳型和反应型三类。

（5）根据构成涂料的主要成分的不同，可分为合成树脂类、橡胶类、橡胶沥青类和沥青类。

二、水乳沥青类防水涂料（JC/T 408）

水乳型橡胶沥青防水涂料（膜）是一种单组分液体状，可涂刷或喷漆，是环保、高弹性的沥青防水涂料。涂膜干固后能够形成橡胶性质，具有透气性、耐候性、耐老化性的特别。其分类和性能见表 2-19。

表 2-19　水乳型沥青防水涂料物理性能

项目		L	H
固体含量（%）不小于		≥45	
断裂伸长率（%）	≥	600	600
表干时间（h）	≤	8	8
实干时间（h）	≤	24	24

项目	L	H
耐热性（℃）无流淌性、起泡和滑动	80±2	110±2
粘结强度（MPa）不小于	0.30	
不透水性	0.1MPa.30min 无渗水	

三、高聚物改性沥青防水涂料

1. 溶剂型 SBS 改性沥青防水涂料（JC/T 852）

溶剂型 SBS 改性沥青防水涂料是以石油沥青为基料，采用 SBS 热塑性弹性体作沥青的改性材料，配合以适量的辅助剂、防老化剂等制成的溶剂型弹性防水涂料。本品具有优良的防水性、粘结性、弹性和低温柔性，因此是一种性能良好的建筑防水涂料，广泛应用于各种防水防潮工程，如工业、民用建筑的屋面防水，水箱、水塔、水闸以及各种地下、海底设施等的防水、防潮工程，对渗漏的旧沥青油毡屋面和刚性防水屋面以及石棉瓦屋面修补效果特别显著。

2. 水乳型 SBS 改性沥青防水涂料

水乳型 SBS 改性沥青防水涂料是以石油沥青为基料，添加 SBS 热塑性弹性体等高分子材料制成的水乳型弹性防水涂料。

本品具有优良的低温柔性和抗裂性能，涂覆和粘结性好，无嗅、无毒、不燃、冷施工、干燥快，耐候性好，夏天不流淌、冬天不龟裂，不变脆，对水泥板、混凝土板、木板、砖、泡沫塑料板、油毡、铁板、玻璃板等各种质材的基层均有良好的粘结力，是一种理想的防水、防潮、防渗材料。其可与玻璃布或聚酯无纺布组合作复合防水层，用于屋面、墙体、地下室、卫生间、贮水池、仓库、桥梁、地下管道等建筑物的防水防渗工程，也适用于振动较大的工业厂房建筑工程。

四、聚氨酯防水涂料（GB/T 19250）

聚氨酯防水涂料基本性能分为Ⅰ型、Ⅱ型、Ⅲ型三个型号，聚氨酯防水涂料基本性能符合表 2-20 的规定。

表 2-20　聚氨酯防水涂料基本性能

序号	项目		技术指标		
			Ⅰ	Ⅱ	Ⅲ
1	固体含量（%）≥	单组分	85		
		多组分	92		
2	表干时间（h）		12		
3	实干时间（h）≤		24		
4	流平性a		20min 时，无明显齿痕		
5	拉伸强度（MPa）≥		2	6	12
6	断裂伸长率（%）≥		500	450	250

序号	项目		技术指标		
			I	II	III
7	撕裂强度/（N/mm）≥		15	30	40
8	低温弯折性		-35℃，无裂纹		
9	不透水性		0.3MPa，120min，不透水		
10	加热伸缩率（%）		-4.0～+1.0		
11	粘结强度（MPa）≥		1		
12	吸水率（%）≤		5		
13	定伸时老化	加热老化	无裂纹及变形		
		人工气候老化b	无裂纹及变形		
14	热处理（80℃，168h）	拉伸强度保持率（%）	80～150		
		断裂伸长率（%）≥	450	400	200
		低温弯折性	-30℃，无裂纹		
15	碱处理[0.1%NaOH＋饱和Ca(OH)₂溶液，168h]	拉伸强度保持率（%）	80～150		
		断裂伸长率（%）≥	450	400	200
		低温弯折性	-30℃，无裂纹		
16	酸处理（2%H₂SO₄溶液，168h）	拉伸强度保持率（%）	80～150		
		断裂伸长率（%）≥	450	400	200
		低温弯折性	-30℃，无裂纹		
17	人工气候老化b（1000h）	拉伸强度保持率（%）	80～150		
		断裂伸长率（%）≥	450	400	200
		低温弯折性	-30℃，无裂纹		
18	燃烧性能b		B₂-E（点火15s，燃烧20s，Fs≤150mm，无燃烧滴落物引燃滤纸）		

a 该项性能不适用于单组分和喷涂施工的产品。流平性时间也可根据工程要求和施工环境由供需双方商定并在订货合同与产品包装上明示。

b 仅外露产品要求测定。

五、聚合物水泥防水涂料（JS防水涂料）

聚合物水泥防水涂料是由聚合物和水泥构成的双组分防水涂料，俗称为JS防水涂料（GB/T 23445），该涂料按物理力学性能分为I型、II型和III型，物理力学性能见表2-21。

表2-21 聚合物水泥防水涂料性能

项目		技术指标		
		I型	II型	III型
固体含量（%）		≥70	≥70	≥70
拉伸强度	无处理（MPa）	1.2	1.8	1.8
	加热处理后保持率（%）	≥80	≥80	≥80
	碱处理后保持率（%）	≥60	≥70	≥70

项目		技术指标		
低温柔性（φ10mm 棒）		−10℃无裂纹	—	—
不透水性（0.3MPa、30min）		不透水性		
抗渗性（砂浆背水面）MPa		—	≥0.6	≥0.8
断裂伸长率（%）	无处理	≥200	≥80	≥30
	加热处理	≥150	≥65	≥20
	碱处理	≥150	≥65	≥20
粘接强度（MPa）	无处理	≥0.5	≥0.7	≥1.0
	潮湿基层	≥0.5	≥0.7	≥1.0
	碱处理	≥0.5	≥0.7	≥1.0
	浸水处理	≥0.5	≥0.7	≥1.0

JS 防水涂料，即有机材料高韧高弹的性能，又有无机材料耐久性好的优点，达到了二者性能上的优势互补。涂覆后形成高强坚韧的防水涂膜，已成为我国近几年来发展较快的一类防水涂料。JS 防水涂料可在潮湿或干燥的砖石、砂浆、混凝土、各种保温层、各种防水层上直接施工。

六、聚合物乳液防水涂料（JC/T 864）

聚合物乳液防水涂料是以丙烯酸乳液为主体的，因此又称为丙烯酸乳液防水涂料，按物理性能分为 I 类和 II 类，见表 2-22。

表 2-22　聚合物乳液防水涂料性能

序号	项目			技术指标	
				I 型	II 型
1	固含量（%）			65	
2	干燥时间	表干时间（h）	≤	4	
		实干时间（h）	≤	8	
3	拉伸强度	无处理（MPa）	≥	1	1.5
		热处理（%）	≥	80	
		碱处理（%）	≥	60	
		紫外线处理（%）	≥	80	
4	断裂伸长率	无处理（MPa）	≥	300	
		热处理（%）	≥	200	
		碱处理（%）	≥	200	
		紫外线处理（%）	≥	200	
5	低温柔性（φ10mm）			−10℃无裂纹	−10℃无裂纹
6	不透水性（0.3MPa，30min）			不透水	不透水
7	加热伸缩量%	伸长	≤	1	
		缩短	≤	1	

七、非固化橡胶沥青弹性防水涂料（JC/T 2216—2014）

非固化橡胶沥青防水涂料是以再生橡胶、沥青为主要组成，加入各种助剂混合制成的，在使用年限内保持粘性膏状体的防水涂料。用于建筑工程非外露防水大面积喷涂防水层并同防水卷材复合施工，形成柔柔结合的性能优异的防水层，在国内广泛应用，施工时应将其加热熔化后喷涂或抹涂施工。

非固化橡胶沥青弹性防水涂料物理性能应符合表 2-23 的要求。

表 2-23　物理力学性能

序号	项　目		技术指标
1	闪点（℃）　　　　　　　　　　　　　≥		180
2	固含量（%）　　　　　　　　　　　　≥		98
3	粘结性能	干燥基面	100%内聚破坏
		潮湿基面	
4	延伸性（mm）　　　　　　　　　　　≥		15
5	低温柔性		−20℃，无断裂
6	耐热性（℃）		65
			无滑动、流淌、滴落
7	热老化	延伸性（mm）　　　　　≥	15
	70℃，168h	低温柔性	−15℃，无断裂
8	耐酸性（2%H₂SO₄溶液）	外观	无变化
		延伸性（mm）　　　　　≥	15
		质量变化（%）	±2.0
9	耐碱性[0.1%NaOH＋饱和Ca(OH)₂溶液]	外观	无变化
		延伸性（mm）　　　　　≥	15
		质量变化（%）	±2.0
10	耐盐性（3%NaCl溶液）	外观	无变化
		延伸性（mm）　　　　　≥	15
		质量变化（%）	±2.0
11	自愈性		无渗水
12	渗油性（张）　　　　　　　　　　　≤		2
13	应力松弛（%）　　　≤	无处理	35
		热老化（70℃，168h）	
14	抗窜水性，0.6MPa		无窜水

八、速凝橡胶沥青弹性防水涂料

该涂料为水乳型、双组分，组分之一为乳化沥青，另一组分为破乳剂为主的添加剂。二者通过专用双嘴喷涂设备施工，施工速度快，3～5s 可固化成膜，无毒、无味、无污染。

速凝橡胶沥青弹性防水涂料物理性能应符合表 2-24 要求。

表 2-24　速凝橡胶沥青弹性防水涂料物理性能

序号	检验项目	标准要求	
1	固体含量（%）	≥55	
2	凝胶时间（s）	≤5	
3	实干时间（h）	≤24	
4	低温柔性（℃）	标准条件	−20 无裂纹、断裂
		热处理	−15 无裂纹、断裂
		碱处理	−15 无裂纹、断裂
		紫外线处理	−10 无裂纹、断裂
5	断裂伸长率（%）≥	标准条件	1000
		碱处理	800
		热处理	800
		紫外线处理	800
6	不透水性	不透水　0.3MPa，30min	
7	粘结强度（MPa）	≥0.40	
8	拉伸强度（MPa）	≥0.80	
9	耐热度	(120±2)℃，无流淌、滑动、滴落	
10	弹性回复率（%）	85%	
11	吸水率（24h,%）≤	2	
12	钉杆自愈性	无渗水	

九、环氧树脂防水涂料（JC/T 2217—2014）

产品的生产与应用不应对人体、生物与环境造成有害的影响，所涉及有关的安全与环保要求，应符合我国的相关国家标准和规范的规定，技术要求如下：

1. 外观

产品各组分为均匀的液体，无凝胶、结块。

2. 物理力学性能

环氧树脂防水涂料的物理力学性能应符合表 2-25 的规定。

表 2-25　物理力学性能

序号	项目		技术指标
1	固体含量（%）≥		60
2	初始粘度（mPa·s）≤		生产企业标称值[a]
3	干燥时间（h）	表干时间≤	12
		实干时间	报告实测值
4	柔韧性		涂层无开裂

序号	项目		技术指标
5	粘结强度（MPa）	干基面≥	3
		潮湿基面≥	2.5
		浸水处理≥	2.5
		热处理≥	2.5
6	涂层抗渗压力（MPa）≥		1
7	抗冻性		涂层无开裂、起皮、剥落
8	耐化学介质	耐酸性	涂层无开裂、起皮、剥落
		耐碱性	涂层无开裂、起皮、剥落
		耐盐性	涂层无开裂、起皮、剥落
9	抗冲击性（落球法）/（500g，500m）		涂层无开裂、脱落

ª生产企业标称值应在产品包装或说明书、供货合同中明示，告知用户。

第四节　建筑堵漏灌浆止水材料

一、技术综述

建筑灌浆堵漏止水材料分为三类：堵漏材料，灌浆材料和止水制品。

1. 堵漏材料

堵漏材料是在短时间内迅速凝结，将孔洞中涌出来的水堵住。建筑堵漏材料分为抹面防水工程堵漏材料和灌浆堵漏材料两类。第一种用于大面积渗漏和防水工程的基层处理，第二种是用注浆的方式，将浆液压注到防水工程的缝（构造缝、伸缩缝等变形缝）及裂缝中堵注漏点。

堵漏材料具有以下特点：防潮防渗、快速带水堵漏；迎水面、背水面均可使用，施工简便，无毒无害。

2. 灌浆材料

灌浆堵漏材料通常可分为无机灌浆材料和化学灌浆材料两种，水泥灌浆材料系无机材料。

无机灌浆材料主要是由不同种类的水泥掺加有机和无机的添加剂、减水剂、促凝剂、早强剂、防水剂、凝粘剂等，赋予灌浆材料最好的流动性，快速凝固性，达到堵塞裂纹和毛细孔的作用。

化学灌浆材料是以不同种类的树脂掺加不同添加剂使之具有很好流动和快速固化。

化学灌浆材料按材料类型分为：聚氨酯类，环氧树脂类，丙烯酸类，其他。

3. 止水制品

止水制品有密封止水带和止水条。

密封止水带为橡胶制品，而止水条可分为制品型和腻子型，用于各类建筑，尤其是各类地下建筑后浇带、施工缝、变形缝。

二、无机防水堵漏材料

无机防水堵漏材料是由硅酸盐水泥、普通硅酸盐水泥以及硫硅酸盐水泥、外加剂、细砂等一起混合磨制而成的。性能符合标准《无机防水堵漏材料》GB 23440。

根据用途和施工要求不同分为两大类，一类是速凝堵漏型，另一类是缓凝防潮型，其物理力学性能见表 2-26。

表 2-26　无机防水堵漏材料物理性能

项目		指标	
		缓凝型（Ⅰ型）	速凝型（Ⅱ型）
凝结时间（mm）	初凝（min）	≥10	≤5
	终凝（min）	≤360	≤10
抗压强度（MPa）	1h	—	≥4.5
	3d	≥13	≥15
抗折强度（MPa）	1h	—	≥1.5
	3d	≥3	≥4
涂层抗渗压力（MPa，7d）		≥0.4	—
砂浆抗渗压力（MPa，7d）		≥1.5	≥1.5
粘结强度（MPa，7d）		≥0.6	≥0.6
耐热性（100℃，5h）		无开裂、起皮、脱落	
冻融循环（20 次）		无开裂、起皮、脱落	

无机防水堵漏材料用作修补堵漏类，均先在容器中加水，然后把粉料徐徐放入水中，搅拌均匀至呈糊状后使用。

三、止水灌浆材料

止水灌浆材料按照组成材料不同，灌浆材料可分为水泥灌浆材料和化学灌浆材料。

1. 水泥基灌浆材料（GB/T 50448）

水泥基灌浆材料以水泥为主，添加一定量的外加剂，与水拌合后，可用于无流动水条件下的裂缝修补以及设备基础二次灌浆、地脚螺栓锚固、混凝土加固、修补等。主要包括纯水泥灌浆材料、水泥黏土灌浆料、水泥-水玻璃灌浆料、水泥-粉煤灰灌浆料，性能见表 2-27。

表 2-27　水泥基灌浆料性能指标

项目		指标
粒径	4.75mm 方孔筛筛余（%）	≤2.0
凝结时间	初凝（min）	≥120
泌水率（%）		≤1.0
流动度（mm）	初始流动度	≥260
	30min 流动度保留值	≥230

项目		指标
抗压强度（MPa）	1d	≥20
	3d	≥40
	28d	≥60
竖向膨胀率（%）	1d	≥0.020
钢筋握裹强度（圆钢）（MPa）	28d	≥4.0
对钢筋锈蚀作用		应说明对钢筋有无锈蚀作用

2. 化学灌浆材料

化学灌浆材料与水泥基灌浆材料相比，具有可灌性好，可按工程需要调整凝胶时间，有的可瞬间凝胶，适用于有流动水部位的堵漏或防潮。常用的化学灌浆材料有水玻璃类浆液、丙烯酰胺类浆液、丙烯酸盐浆液、聚氨酯类浆液、木质素类浆液、环氧树脂类浆液和甲凝浆液等。

（1）水玻璃类浆液：是以水玻璃为主剂，加入凝胶剂，反应生成凝胶，该类产品来源广泛、价格便宜，对环境无害而被广泛应用。一般用于注浆的水玻璃模数以 2.4～3.4 为宜。

（2）丙烯酸盐浆液：是以丙烯酸盐单位水溶液为主剂加入适量的交联剂、促进剂、引发剂、水或改性剂制成的双组分或多组分均质液体灌浆材料。具有低毒、环保、可灌性好的特点。丙烯酸盐灌浆材料固化物物理性能应符合《丙烯酸盐灌浆材料》JC/T 2037 要求，具体见表 2-28。

表 2-28　丙烯酸盐灌浆固化物物理性能

序号	项目	指标	
		Ⅰ型	Ⅱ型
1	渗透系数（cm/s）　＜	1.0×10^{-6}	1.0×10^{-7}
2	固砂体抗压强度（kPa）≥	200	400
3	抗挤出破坏比降≥	300	600
4	遇水膨胀率（%）　≥	30	

（3）聚氨酯类浆液：是以多异氰酸酯和聚醚树脂等作为主要原材料，掺入各种外加剂配制而成。浆液注入地层后，遇水即发生反应生成聚氨酯泡沫体，起加固地基和防水堵水作用。聚氨酯类浆液分为水溶性聚氨酯和油溶性聚氨酯。通常，水溶性聚氨酯浆液亲水性好、包水量大、弹性大，适用于潮湿裂缝的灌浆堵漏、动水地层的堵涌水、潮湿土地质表层的防护等；油溶性聚氨酯浆液的固结体强度大、抗渗性好、弹性小，比较适合混凝土静缝的防渗堵漏及地基加固、防水堵漏兼备的过程。产品执行《聚氨酯灌浆材料》（JC/T 2041—2010）标准，物理力学性能见表 2-29。

表 2-29 聚氨酯灌浆材料物理性能

序号	项目		指标	
			I 型（水溶液）	II 型（油溶液）
1	密度（g/cm³） ≥		1	1.05
2	粘度（mPa·s） ≤		1.0×10³	
3	凝胶时间ᵃ（s） ≤		150	—
4	凝固时间ᵃ（s） ≤		—	800
5	遇水膨胀率（%） ≥		20	—
6	包水性（10 倍水）（s） ≤		200	—
7	不挥发物含量（%） ≥		75	78
8	发泡率（%） ≥		350	1000
9	抗压强度ᵇ（MPa）		—	6

ᵃ·可根据供需双方商定；ᵇ·有加固要求时检测。

（4）环氧树脂类浆液：环氧树脂类浆液具有强度高，粘结力强，收缩小，化学稳定性好等特点。其粘结力和内聚力均大于混凝土，对于恢复结构的整体性能起很好的作用。但其浆液粘度大，可注性小，憎水性强，与潮湿裂缝粘结力差，主要适用于裂缝修补和加固补强。产品执行《混凝土裂缝用环氧树脂灌浆材料》（JC/T 1041），具体物理力学性能指标见表 2-30。

目前发展的高渗透改性环氧树脂浆液的黏度小，可注性好，与潮湿基层的粘结力强，已具有实用价值。

表 2-30 环氧树脂灌浆材料浆液性能

序号	项目	浆液性能	
		L	N
1	浆液密度（g/cm³） >	1	1
2	初始粘度（mPa·s） <	30	200
3	可操作时间（min） >	30	30

表 2-31 环氧树脂灌浆液固化物性能

序号	项目		固化物性能ᵇ	
			I	II
1	抗压强度（MPa）≥		40	70
2	拉伸剪切强度（MPa）≥		5	8
3	抗拉强度（MPa）≥		10	15
4	粘结强度ᵃ	干粘结（MPa）≥	3	4
		湿粘结（MPa）≥	2	2.5
5	抗渗压力（MPa）≥		1	1.2
6	渗透压力比（%） ≥		300	400

注：ᵃ湿粘结强度：潮湿条件下必须测定；
　　ᵇ固化物性能的测定试验龄期为 28d。

四、制品类止水堵漏材料

是指处理建筑物或地下构筑物渗漏水的材料及后浇带、变形缝等止水堵漏材料。

1. 止水带

（1）按基料分为塑料止水带、橡胶止水带和橡塑止水带等，其性能见表2-32。

《高分子防水材料第2部分：止水带》GB 18173.2标准中将橡胶止水带按用途分为三类：

适用于变形缝用止水带，B类；即选用中埋止水带，外贴式止水带。

适用于施工缝用止水带，S类；选用中埋止水带或自粘丁基橡胶钢板止水带。

沉管隧道接头缝用止水带，用J表示；①可卸式止水带用JX表示；②压缩式止水带用JY表示。

（2）止水带按结构形式分两类：①普通止水带，用P表示；②复合止水带用F表示，其中：①与钢板复合止水带用FG表示；②与遇水膨胀橡胶止水带用FP表示；③与帘布复合的止水带用FL表示。

表 2-32　止水带的物理性能

序号	检测项目		B、S	J JX	J JX	适用试验条目	检测结论
1	硬度（绍尔A，度）		60±5	60±5	40—702	5.3.2	合格
2	拉伸强度（MPa）≥		10	16	16	5.3.3	合格
3	拉断伸长率（%）≥		380	400	400		合格
4	压缩永久变形（%）	70℃×24h，25%　≤	35	30	30	5.3.4	合格
		23℃×168h，25%　≤	20	20	15		
5	撕裂强度（kN/m）≥		30	30	20	5.3.5	合格
6	脆性温度（℃）≤		−45	−40	−50	5.3.6	合格
7	热空气老化70℃×168h	硬度（绍尔A，度）≤	8	6	10	5.3.7	合格
		拉伸强度（MPa）≥	9	13	13		
		拉断伸长率（%）≥	300	320	300		
8	臭氧老化 50×103；20%（40±2）℃×48h		无裂纹			5.3.8	合格
9	橡胶与金属粘合		橡胶间破坏	—	—	5.3.9	合格
10	橡胶与帘布粘合强度℃／（N/mm）≥		—	5	—	5.3.10	合格

2. 自粘丁基橡胶钢板止水带

表 2-33　自粘丁基橡胶钢板止水带性能

项目	指标
橡胶层不会发物（%）　≥	97
低温柔性　　−40℃	无裂纹
耐热度　　90℃2h	无流淌、龟裂、变形
橡胶与钢板剪切状态下粘合性　（N/mm）	1.5
23℃断裂伸长率（%）　≥	800

钢边止水带宽度不宜小于300mm，厚度不宜小于3mm，钢边止水带接头采用焊接，应满焊。

3. 盾构法隧道管片用橡胶密封垫 GB 18173.4（《高分子防水材料》第四部分）

盾构法隧道管片用橡胶密封垫是指专门用于地下管廊地铁、隧道盾构管片拼接、防止接缝漏水的功能型橡胶材料，按照功能不同分为三类：①弹性橡胶密封垫（包括氯丁橡胶（CR）密封垫、三元乙丙橡胶（EPDM）密封垫）；②遇水膨胀橡胶密封垫；③弹性橡胶与遇水膨胀橡胶复合密封垫。其中，弹性橡胶密封垫和复合密封垫的物理力学性能见表2-34，遇水膨胀橡胶复合密封垫的物理力学性能见表2-35。

表2-34 弹性橡胶密封垫物理力学性能

项目		指标		
		氯丁橡胶	三元乙丙橡胶	
			Ⅰ型[a]	Ⅱ型[b]
硬度（邵尔A，度）		50～60	50～60	60～70
硬度偏差（度）		±5	±5	±5
拉伸强度（MPa）≥		10.5	9.5	10
拉断伸长率（％）≥		350	350	330
压缩永久变形（％）	70℃×24h，25％≤	30	25	25
	23℃×72h，25％≤	20	20	15
热空气老化 70℃×96h	硬度变化（度）≤	8	6	6
	拉伸强度降低率（％）≤	20	15	15
	拉断伸长率降低率（％）≤	30	30	30
防霉等级		达到或优于二级	达到或优于二级	达到或优于二级

[a] Ⅰ型为无孔密封垫。[b] Ⅱ型为有空密封垫。

注：以上指标为成品切片测试的数据，若只能以胶料制成试样测试，则其伸长率、拉伸强度的数据应达到 GB 1873.4 规定的120％。

表2-35 遇水膨胀橡胶密封垫胶料物理力学性能

项目		技术指标	
硬度（邵尔A，度）		42±10	45±10
拉伸强度（MPa）≥		3.5	3
拉断伸长率（％）≥		450	350
体积膨胀率（％）≥		250	400
反复浸水试验	拉伸强度（MPa）≥	3	2
	拉断伸长率（％）≥	350	250
	体积膨胀率（％）≥	250	300
低温弯折（−20℃×2h）		无裂纹	无裂纹

4. 遇水膨胀橡胶止水条 GB 18173.3（《高分子防水材料》第3部分：遇水膨胀橡胶）。

该材料是以水溶性聚氨酯预聚体、丙烯酸钠高分子吸水树脂与天然橡胶、氯丁橡胶等为基料制得的遇水膨胀性的材料。

产品按其在静态蒸馏水中体积膨胀率分为：

（1）制品型：≥150％，≥250％，≥400％和≥600％等几类。

（2）腻子型：≥150％，≥220％，≥300％等几类。

产品性能应符合《高分子防水材料第3部分：遇水膨胀橡胶》（GB/T 18173.3）标准要求见表2-36和表2-37。

表2-36 制品型遇水膨胀橡胶物理性能

序号	项目	指标			
		PZ-150	PZ-250	PZ-400	PZ-600
1	拉伸强度（MPa）	3.5		3	
2	扯断伸长率（％）	450		350	
3	体积膨胀率（％）	150	250	400	600
4	低温弯折性（−20℃×2h）	无裂纹			

表2-37 腻子型遇水膨胀橡胶的物理性能

序号	项目	PN-150	PN-220	PN-300
1	体积膨胀率*（％）	150	220	300
2	高温流淌性（80℃×5h）	无流淌	无流淌	无流淌
3	低温试验（−20℃×2h）	无裂纹	无裂纹	无裂纹

* 检验结果应注明试验方法。

制品型产品，适用于建筑物及构筑物的变形缝、施工缝、金属、混凝土等各类预制件的接缝防水，现浇混凝土接缝防水，结构施工法装配式衬砌接缝防水。

腻子型产品，只适用于现浇混凝土施工缝以及金属预制件密封防水。

第五节 新型建筑密封材料

建筑密封材料可分为不定型材料和定型材料，不定型材料如膏状的各类密封材料，如丙烯酸密封胶、聚氨酯密封胶、硅酮密封胶、聚硫密封胶。定型材料各类橡胶止水带、止水条等。这些密封材料用于建筑变形缝、施工缝、装饰缝的密封处理，起到防水、防腐、隔声、保温、填缝等作用。

建筑密封材料：通常按化学组成分为硅酮、聚氨酯、聚硫、丙烯酸酯、丁基、改性沥青密封胶等。

1. 硅酮建筑密封胶

该产品按拉伸模量分为高模量（HM）和低模量（LM）两个次级别。硅酮建筑密封胶主要性能应符合表2-38的规定，检验方法应按现行国家标准《硅酮建筑密封胶》GB/T 14683的相关规定执行。

表 2-38　硅酮建筑密封胶主要性能

项目		指标			
		25HM	20HM	25LM	20LM
下垂度（mm）	垂直	≤3			
	水平	无变形			
表干时间（h）		≤3ᵃ			
挤出性（mL/min）		≥80			
弹性恢复率（%）		≥80			
拉伸模量（MPa）		>0.4（23℃时）		≤0.4（23℃时）	
		或>0.6（-20℃时）		且≤0.6（-20℃时）	
定伸粘结性密封胶		无破坏			

2. 聚氨酯建筑

聚氨酯建筑密封胶按流动性分为下垂型（N）和自流平型（L）。按拉伸模量分为高模量（HM）和低模量（LM）。聚氨酯建筑密封胶主要性能应符合表 2-39 的规定，检验方法应按现行行业标准《聚氨酯建筑密封胶》JC/T 482 的相关规定执行。

表 2-39　聚氨酯建筑密封胶主要性能

项目		指标		
		20HM	25LM	20LM
流动性	下垂度（N 型）（mm）	≤3		
	流平性（L 型）	光滑平整		
表干时间（h）		≤24		
挤出性（mL/min）		≥80		
适用期（h）		≥1		
弹性恢复率（%）		≥70		
拉伸模量（MPa）		>0.4（23℃时）	≤0.4（23℃时）	
		或>0.6（-20℃时）	且≤0.6（-20℃时）	
定伸粘结性		无破坏		

注：挤出性仅适用于单组分产品；适用期仅适用于多组分产品

3. 聚硫建筑密封胶

产品按流动性分为非下垂型（N）和自流平型（L），按位移能力为分 25、20 两级，按拉伸模量分为高模量（HM）和低模量（LM）两个级别。聚硫建筑密封胶主要性能应符合表 2-40 的规定，检验方法应按现行行业标准《聚硫建筑密封胶》JC/T 483 的有关规定执行。

表 2-40 聚硫建筑密封胶主要性能

项目		指标		
		20HM	25LM	20LM
流动性	下垂度（N 型）(mm)	≤3		
	流平性（L 型）	光滑平整		
表干时间（h）		≤24		
拉伸模量（Mpa）		＞0.4（23℃时）		≤0.4（23℃时）
		或＞0.6（-20℃时）		且≤0.6（-20℃时）
适用期（h）		≥2		
弹性恢复率（%）		≥70		
定伸粘结性		无破坏		

4. 丙烯酸酯建筑密封胶

产品按位移能力分为 12.5 和 7.5 两级，12.5 级按弹性恢复率又分为两个级别：弹性体（12.5E）的弹性恢复率≥40%；塑性体（12.5P 和 7.5P）弹性恢复率＜40%。丙烯酸酯建筑密封胶主要性能应符合表 2-41 的规定，检验方法应按现行行业标准《丙烯酸酯建筑密封胶》JC/T 484 的有关规定执行。

表 2-41 丙烯酸酯建筑密封胶的主要性能

项目	指标		
	12.5E	12.5P	7.5P
下垂度（mm）	≤3		
表干时间（h）	≤1		
挤出性（mL/min）	≥100		
弹性恢复率（%）	≥40	报告实测值	
定伸粘结性	无破坏	—	
低温柔性（℃）	-20	-5	

该产品按用途和适用基材分为幕墙结构密封胶、幕墙接缝耐候密封胶、混凝土建筑接缝密封胶、中空玻璃密封胶、门窗用密封胶、石材密封胶、道桥接缝密封胶、彩钢板接缝密封胶、铝板密封胶等。以环保角度分为溶剂型和水性型，同时还有膨胀型和非膨胀型的密封材料。又可分为结构密封型和普通密封型。

5. 混凝土建筑接缝用密封胶（JC/T 881）

（1）分类。

该产品分为单组分和多组分两种。

（2）类型。密封胶按流动性分为非下垂型（N）和自流平型（S）两个类型。

（3）级别。密封胶按位移能力分为 25、20、12.5、7.5 四个级别，见表 2-42。

表 2-42　混凝土建筑接缝用密封胶级别

级别	试验拉压幅度（%）	位移能力（%）	级别	试验拉压幅度（%）	位移能力（%）
25	±25	25	12.5	±12.5	12.5
20	±20	20	7.5	±7.5	7.5

（4）次级别

① 25 级和 20 级密封胶按拉伸模量分为低模量（LM）和高模量（HM）两个次级别。

② 12.5 级密封胶按弹性恢复率又分为弹性和塑性两个次级别。

恢复率不小于 40% 的密封胶为弹性密封胶（E），恢复率小于 40% 的密封胶为塑性密封胶（P）。25 级、20 级和 12.5E 级密封胶称为弹性密封胶；12.5P 级和 7.5P 级密封胶称为塑性密封胶。

（5）技术要求

①外观。密封胶应为细腻、均匀膏状物或粘稠液体，不应有气泡、结皮或凝胶。

密封胶的颜色与供需双方商定的样品相比，不得有明显差异。多组分密封胶各组分的颜色应有明显差异。

② 混凝土建筑接缝用密封胶的物理性能见表 2-43。

表 2-43　混凝土建筑接缝用密封胶的物理性能

序号	项目			技术指标						
				25LM	25HM	20LM	20HM	12.5E	12.5P	7.5P
1	流动性	下垂度（N 型）（mm）	垂直	≤3						
			水平	≤3						
		流平性（S）型		光滑平整						
2	挤出性（mL/min）			≥80						
3	弹性恢复率（%）			≥80		≥60		≥40	≥40	≥40
4	拉伸粘结性	拉伸模量（MPa）	23℃	≤0.4	>0.4	≤0.4	>0.4	—		
			−20℃	≤0.6	>0.6	≤0.6	>0.6			
		断裂伸长率（%）							≥100	≥20
5	定伸粘结性			无破坏					—	
6	浸水后定伸粘结性			无破坏					—	
7	热压-冷拉后粘结性			无破坏					—	
8	拉伸-压缩后粘结性			—					无破坏	
9	浸水后断裂伸长率①（%）			—					≥100	≥20
10	质量损失率（%）			≤10						
11	体积收缩率（%）			≤25②					≤25	

① 乳胶型和溶剂型产品不测质量损失率；

② 仅适用于乳胶型和溶剂型产品。

第六节　刚性防水材料

一、砂浆、混凝土防水剂

1. 定义

（1）砂浆、混凝土防水剂为能降低砂浆、混凝土在静水压力下的透水性的外加剂。

（2）基准混凝土（砂浆）为按照标准 JC 474 规定的试验方法配制的不掺防水剂的混凝土（砂浆）。

（3）受检混凝土（砂浆）为按照标准 JC 474 规定的试验方法配制的掺防水剂的混凝土（砂浆）。

2. 要求

（1）防水砂浆的性能应符合 2-44 的要求。

表 2-44　防水砂浆的性能

试验项目			性能指标	
			一等品	合格品
安定性			合格	合格
凝结时间	初凝（min）	≥	45	45
	终凝（min）	≤	10	10
抗压强度比（%）　≥	7d		100	85
	28d		90	80
透水压力比（%）		≥	300	200
吸水量比（48h）（%）		≤	65	75
收缩率比（28d）（%）		≤	125	135

注：安定性和凝结时间为受检净浆的试验结果，其他项目数据均为受检砂浆与基准砂浆的比值。

（2）防水混凝土的性能应符合表 2-45 的要求。

表 2-45　受检混凝土的性能

试验项目			性能指标	
			一等品	合格品
安定性			合格	合格
泌水率比（%）		≤	50	70
凝结时间差（min）　≥	初凝		−90[a]	−90[a]
抗压强度比（%）　≥	3d		100	90
	7d		110	100
	28d		100	90
渗透高度比（%）		≤	30	40
吸水量比（48h）（%）		≤	65	75

37

试验项目		性能指标	
		一等品	合格品
收缩率比（28d）（％）	≤	125	135

注：安定性为受检净浆的试验结果，凝结时间差为受检混凝土与基准混凝土的差值，表中其他数据为受检混凝土与基准混凝土的比值。

[a] "—"表示提前。

二、聚合物水泥防水砂浆（JC/T 984）

1. 产品按组分分为单组分（S类）和双组分（D类）两类。

单组分（S类）：由水泥、细骨料和可再分散乳胶粉、添加剂等组成。

双组分（D类）：由粉料（水泥、细骨料等）和液料（聚合物乳液、添加剂等）组成。

2. 产品按物理力学性能分为Ⅰ型和Ⅱ型两种。

3. 技术要求

（1）外观

液体经搅拌后均匀无沉淀；粉料为均匀、无结块的粉末。

（2）物理力学性能

聚合物水泥防水砂浆的物理力学性能应符合表 2-46 的要求。

表 2-46　聚合物防水砂浆的物理力学主要性能

序号	项目				干粉类（Ⅰ类）	乳液类（Ⅱ类）
1	凝结时间	初凝时间（min）	≥		45	
		终凝时间（h）	≤		24	
2	抗渗压力（MPa）	涂层试件	≥	7d	0.4	0.5
		砂浆试件	≥	7d	0.8	1
				28d	1.5	1.5
3	抗压强度（MPa）		≥		18	24
4	抗折强度（MPa）		≥		6	8
5	柔韧性（横向变形能力）（mm）		≤		1	
6	粘结强度（MPa）		≥	7d	0.8	1
				28d	1	1.2

三、水泥基渗透结晶型防水材料（GB 18445—2012）

1. 分类

（1）按照使用方法分为：水泥基渗透结晶型防水涂料（C）和水泥基渗透结晶型防水剂（A）。

（2）水泥基渗透结晶型防水涂料按物理力学性能分为Ⅰ型、Ⅱ型两种类型。

2. 技术要求

水泥基渗透结晶型防水涂料的物理力学性能应符合表 2-47 的规定。

表 2-47 防水涂料的物理力学性能

序 号	试 验 项 目			性能指标
1	外观			均匀、无结块
2	含水率/%		≤	1.5
3	细度，0.63mm 筛余/%		≤	5
4	氯离子含量/%		≤	0.10
5	施工性	加水搅拌后		刮涂无障碍
		20min		刮涂无障碍
6	抗折强度/MPa，28d		≥	2.8
7	抗压强度/MPa，28d		≥	15.0
8	湿基面粘结强度/MPa，28d		≥	1.0
9	砂浆抗渗性能	带涂层砂浆的抗渗压力[a]/MPa，28d		报告实测值
		抗渗压力比（带涂层）/%，28d	≥	250
		去除涂层砂浆的抗渗压力[a]/MPa，28d		报告实测值
		抗渗压力比（去除涂层）/%，28d	≥	175
10	混凝土抗渗性能	带涂层混凝土的抗渗压力[a]/MPa，28d		报告实测值
		抗渗压力比（带涂层）/%，28d	≥	250
		去除涂层混凝土的抗渗压力[a]/MPa，28d		报告实测值
		抗渗压力比（去除涂层）/%，28d	≥	175
		带涂层混凝土的第二次抗渗压力/MPa，56d	≥	0.8

[a] 基准砂浆和基准混凝土 28d 抗渗压力应为 $0.4^{+0.0}_{-0.1}$ MPa，并在产品质量检验报告中列出。

第三章 城市综合管廊防水设计

目前，城市地下管廊建设多以干支结合型综合管廊为主。管廊入廊管线一般分为 8 类，包括：给水、雨水、污水、燃气、电力、电信、有线电视管线，并预留中水管位。管廊工程包含主体结构、防水工程、土方工程、支护工程、支架、引出段管道、消防、电气设备、自控设备、通风工程、控制中心、标识、管线迁移及恢复路面等。其中，防水工程在地下综合管廊占据重要的地位，是管廊工程百年的重要保障措施。

一、地下综合管廊的一般技术要点

1. 综合管廊仓位设置

一般分为 3 仓、4 仓、5 仓设置。

5 仓：天然气仓、综合仓、污水仓、电力电信仓、高压电力仓。参考净宽分别为 1.9m、5.8m、2.3m、2.5m、1.75m。

4 仓：天然气仓、综合仓、污水仓、电力电信仓。参考净宽分别为 1.9m、5.8m、2.3m、2.5m。

3 仓：天然气仓、综合仓、污水仓。

2. 管廊排水设置

（1）综合管廊内设 2% 的横向坡度，1‰ 的纵向坡度，横坡及纵坡均为二次找坡。地面水通过找坡形成的排水通过边沟汇集到集水井，再由集水井内的潜水泵就近排入市政雨水井。

（2）集水井设置于每一防火分区的低处，每座集水井内设置两台潜水排水泵，排水管引出沟体后排入道路雨水管。

（3）综合管廊交叉口、端头井、标准段排风亭、倒虹段等处为低点。标准段排风亭处为两个防火分区的分隔点，中间设防火门，防火门一侧设一个集水坑，集水坑内设两台排水泵，1 用 1 备。交叉口、端头井、倒虹段最低点设集水坑，内设两台排水泵，1 用 1 备。

3. 地下综合管廊的结构设计要求

（1）主要技术标准

① 设计使用年限 100 年设计。

② 永久构件的安全等级为一级，临时构件的安全等级为三级。

③ 混凝土结构的环境类别：

地下结构中露天或与无侵蚀性的水或土壤直接接触的混凝土构件的环境类别为二 b 类；

地下室室内潮湿环境处的结构环境类别也为二 b 类,其余地下室内部混凝土构件的环境类别为一类。

④ 地下结构处于有侵蚀地段时,应采取抗侵蚀措施。

⑤ 地下结构主要构件的耐火等级为一级。

⑥ 地震设计参数:结构抗震设防烈度为 7 度,抗震等级:二级。

(2) 结构变形缝设置

① 综合管廊主干道结构分别与支线管廊结构、通风井道结构等附属结构连接处均设置环向变形缝。

② 沿综合管廊主干道纵向须设置多道环向变形缝,每段长度 30m 左右。

③ 纵向软硬地层变化明显分界处宜设置环向变形缝。

④ 变形缝环向全断面设置,宽度为 30mm。

(3) 结构后浇带设置

① 为减少混凝土收缩、防止混凝土开裂,均设置环向后浇带,后浇带要求全断面(包括结构的顶底板、中楼板、中隔墙及外墙)设置。

② 后浇带宽为 800mm,后浇带处的钢筋必须贯通,不得截断,待后浇带龄期满足,进行浇筑封闭,并加强保护。后浇带部位须有防水措施。

③ 后浇带封闭之前,附近的支撑不得拆除,以免改变后浇带两侧构件的受力状态,而造成破坏。

4. 综合管廊及设置参观通道的效果图 (图 3-1)

图 3-1 参观通道效果图

5. 综合管廊分布模拟图（图 3-2）

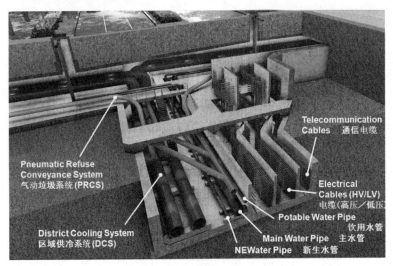

图 3-2　综合管廊分布模拟图

6. 综合管廊土建完成廊体内部桥架布设图（图 3-3）

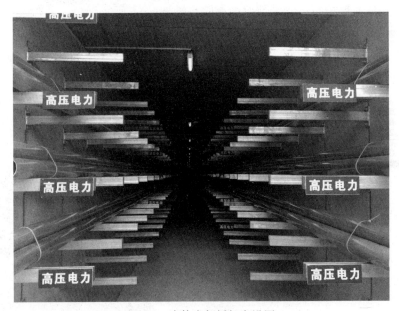

图 3-3　廊体内部桥架布设图

二、地下综合管廊防水工程

1. 地下综合管廊防水等级

综合管廊应根据气候条件，水文地质状况、结构特点、施工方法和使用条件等因素进行防水设计。防水等级标准应为二级，并满足结构安全、耐久性和使用要求。综合管廊的变形缝、施工缝和预制构件接缝等部位应加强防水和防火措施。

2. 地下综合管廊结构分类

（1）现浇混凝土综合管廊结构

综合管廊采用现浇钢筋混凝土多跨箱型框架结构型式。室外疏散口及风道等其他附属结构，采用钢筋混凝土框架结构型式。主线管廊与周边地块设支线管廊接口。

现浇混凝土综合管廊结构防水，除了采用现浇防水混凝土结构自防水以外，须在结构迎水面设置柔性防水层；柔性防水层选择与结构工法相匹配。

（2）预制拼装综合管廊结构

预制拼装综合管廊防水主要是结构自防水和拼缝防水，拼缝防水采用预制成型弹性密封垫为主要防水措施，弹性密封垫的界面应力不应低于 1.5MPa；拼缝弹性密封垫应沿环、纵面成框型。

（3）预制、现浇叠合型式综合管廊

此种型式管廊，仍然具备现浇混凝土型式的外包防水模式和接缝防水型式，但在管廊建设工期上更有优势。

3. 地下综合管廊防水设计要求

地下综合管廊工程结构一般采用明挖法施工、暗挖法施工、盾构及顶管施工等工法。对于现浇混凝土管廊，一般采用结构自防水与结构迎水面设置附加防水层相结合的做法。预制拼装管廊以预制构件的接缝防水为重点。

（1）结构耐久性设计

① 在受侵蚀性介质作用时，按介质的性质选用相应的水泥品种；施工时混凝土中不得掺入早强剂；不得使用含有氯化物的外加剂；所有混凝土不得采用海砂和山砂配置；所有单位体积混凝土中的三氧化硫的最大含量不得超过胶凝材料总量的 4%。

② 混凝土避免采用高水化热水泥，混凝土优先采用双掺技术（掺高效减水剂加优质粉煤灰或磨细矿渣）。

③ 防水混凝土的施工配合比应通过试验确定，试配混凝土的抗渗等级应比设计要求提高 0.2MPa。

④ 防水混凝土的水泥强度等级不宜低于 42.5MPa，水泥品种宜采用普通硅酸盐水泥、硅酸盐水泥，采用其他品种水泥时应经试验确定。

⑤ 防水混凝土的抗渗等级一般按埋深确定，并根据水文地质条件等，对小于 10m 的地下管廊结构，可考虑抗渗等级 P8。

⑥ 综合环境介质等级并严格控制水胶比；对腐蚀性地段应有专项混凝土耐久性设计要求。

⑦ 综合管廊结构构件裂缝控制等级应为三级，结构构件最大裂缝宽度限值应小于或等于 0.2mm，且不得贯通。

⑧ 用于防水混凝土的水泥应符合下列规定：

• 水泥品种宜采用硅酸盐水泥、普通硅酸盐水泥，采用其他品种水泥时应经试验确定；

• 在受侵蚀性介质作用时，应按介质的性质选用相应的水泥品种；

• 不得使用过期或受潮结块的水泥，并不得将不同品种或强度等级的水泥混合使用。

⑨ 防水混凝土选用矿物掺合料时，应符合下列规定：

• 粉煤灰的品质应符合现行国家标准《用于水泥和混凝土中的粉煤灰》GB 1596 的有关规定，粉煤灰的级别不应低于Ⅱ级，烧失量不应大于 5%，用量宜为胶凝材料总量的 20%～30%，当水胶比小于 0.45 时，粉煤灰用量可适当提高；

• 粒化高炉矿渣粉的品质要求应符合现行国家标准《用于水泥和混凝土中的粒化高炉矿渣粉》GB/T 18046 的有关规定。

⑩ 用于防水混凝土的砂、石，应符合下列规定：

• 宜选用坚固耐久、粒形良好的洁净石子；最大粒径不宜大于 40mm，泵送时其最大粒径不应大于输送管径的 1/4；吸水率不应大于 1.5%；不得使用碱活性骨料；石子的质量要求应符合国家现行标准《普通混凝土用砂、石质量标准及检验方法》JGJ 52 的有关规定；

• 砂宜选用坚硬、抗风化性强、洁净的中粗砂，不宜使用海砂；砂的质量要求应符合国家现行标准《普通混凝土用砂、石质量标准及检验方法》JGJ 52 的有关规定。

⑪ 用于拌制混凝土的水，应符合国家现行标准《混凝土用水标准》JGJ 63 的有关规定。

⑫ 防水混凝土可根据工程需要掺入减水剂、膨胀剂、防水剂、密实剂、引气剂、复合型外加剂及水泥基渗透型结晶材料，其品种和用量应经试验确定，所用外加剂的技术性能应符合国家现行有关标准的质量要求。

⑬ 防水混凝土可根据工程抗裂需要掺入合成纤维或钢纤维，纤维的品种及掺量应通过试验确定。

⑭ 防水混凝土中各类材料的总碱量（Na_2O 当量）不得大于 $3kg/m^3$；氯离子含量不应超过胶凝材料总量的 0.1%。

⑮ 防水混凝土结构内部设置的各种钢筋或绑扎铁丝，不得接触模板。用于固定模板的螺栓必须穿过混凝土结构时，可采用工具式螺栓或螺栓加堵头，螺栓上应加焊方形止水环。拆模后应将留下的凹槽用密封材料封堵密实，并应用聚合物水泥砂浆抹平。

⑯ 防水混凝土终凝后应立即进行养护，养护时间不得少于 14d。

⑰ 防水混凝土的冬期施工，应符合下列规定：

• 混凝土入模温度不应低于 5℃；

• 混凝土养护应采用综合蓄热法、蓄热法、暖棚法、掺化学外加剂等方法，不得采用电热法或蒸气直接加热法；

• 应采取保湿保温措施。

（2）附加柔性防水层方案

外包柔性防水层选用应综合考虑其防水性能，包括耐久性、工艺简单（工期）、环保、造价（性价比高）等要求。可采用单一材料的防水模式，若采用复合型式，如涂料＋卷材，或卷材＋卷材的型式应充分考虑不同材料的相容性问题。

① 满足二级设防等级按防水二级选材；

② 满足二级设防等级按防水一级选材。

（3）地下综合管廊结构内防水

在综合管廊仓内采用直排型式的污水仓、雨水仓，可增设结构内防水措施。

（4）特殊部位防水节点构造

地下综合管廊防水的重点包含变形缝、施工缝、后浇带、接口及干支廊仓密封等。燃气仓变形缝阻燃、防水要求；预制拼装接缝防水处理及变形缝环处理等。

三、地下综合管廊附加防水层方案的选择

目前，按照《城市综合管廊工程技术规范》GB 50838 的要求，管廊防水等级为二级。实际应用中，应综合考虑管廊百年的结构设计要求，以及管廊功能设置和所处地区的水文地质条件等综合因素，决定一级设防选材或二级设防选材。

1. 附加防水层方案选择表

附加防水层选材方案——一级防水选材见表 3-1（参照《国家标准图集》10J301）。

表 3-1　一级防水选材

一级防水		
F1-1	①≥4.0厚弹性体改性沥青（SBS）防水卷材（Ⅱ型） ②≥3.0厚弹性体改性沥青（SBS）防水卷材（Ⅱ型）	
F1-3	①≥0.7厚聚乙烯丙纶复合防水卷材＋≥1.3厚聚合物水泥粘结剂 ①≥0.7厚聚乙烯丙纶复合防水卷材＋≥1.3（顶板2.0）厚聚合物水泥粘结剂	
F1-4	①≥3.0厚自粘聚合物改性沥青防水卷材（聚酯胎）	
F1-6	①≥4.0厚改性沥青聚乙烯胎防水卷材 ②≥3.0厚自粘聚合物改性沥青防水卷材（聚酯胎）	
F1-7	①≥4.0厚SBS改性沥青防水卷材 ②≥1.5厚自粘聚合物改性沥青防水卷材（无胎）	
F1-8	①≥3.0厚自粘聚合物改性沥青防水卷材（聚酯胎） ②≥1.5厚自粘聚合物改性沥青防水卷材（无胎）	用于底板、外墙、顶板
F1-9	≥2.0厚聚氨酯防水涂料	
F1-10	①≥3.0厚自粘聚合物改性沥青防水卷材（聚酯胎） ②≥1.5厚聚氨酯防水涂料	
F1-11	①≥1.5厚自粘聚合物改性沥青防水卷材（无胎） ②≥1.5厚聚氨酯防水涂料	
F1-12	①≥2.0厚喷涂速凝橡胶沥青防水涂料 ②≥3.0厚自粘聚合物改性沥青防水卷材（聚酯胎）	
F1-13	①≥2.0厚喷涂速凝橡胶沥青防水涂料 ②≥1.5厚自粘聚合物改性沥青防水卷材（无胎）	
F1-14	≥1.5厚三元乙丙橡胶防水卷材	
F1-15	≥1.2厚高分子自粘胶膜防水卷材	用于外防内贴外墙，预铺反粘底板
F1-16	①≥1.0厚水泥基渗透结晶型防水涂料 ②≥4.0厚弹性体改性沥青（SBS）防水卷材（Ⅱ型）	用于底板、顶板；水泥基渗透结晶型防水涂料的用量≥1.5kg/m²
F1-17	①≥1.0厚水泥基渗透结晶型防水涂料 ②≥1.5厚三元乙丙橡胶防水卷材	

	一级防水	
F1-18	①≥1.0 厚水泥基渗透结晶型防水涂料 ②≥1.5 厚聚氨酯防水涂料	用于底板、外墙、顶板； 水泥基渗透结晶型防水涂料的用量≥1.5kg/m²
F1-19	①≥1.0 厚水泥基渗透结晶型防水涂料 ②≥1.5 厚硅橡胶防水涂料	
F1-20	①≥1.5 厚自粘聚合物改性沥青防水卷材（无胎） ②≥1.5（顶板 2.0）厚聚合物水泥防水涂料（Ⅱ型）	
F1-21	①≥3.0 厚自粘聚合物改性沥青防水卷材（聚酯胎） ②≥1.5（顶板 2.0）厚聚合物水泥防水涂料（Ⅱ型）	用于底板、外墙、顶板
F1-22	①≥1.5 厚三元乙丙橡胶防水卷材 ②≥2.0 厚橡化沥青非固化防水涂料	
F1-23	①≥4.0 厚 SBS 改性沥青防水卷材（Ⅱ型） ②≥2.0 厚橡化沥青非固化防水涂料	
F1-24	①≥0.7 厚聚乙烯丙纶防水卷材 ②≥2.0 厚橡化沥青非固化防水涂料	
F1-25	①≥1.5 厚聚氨酯防水涂料 ②防水砂浆	用于底板、外墙、顶板； 聚合物水泥砂浆防水层： 单层厚度 10～15、双层20～25；掺外加剂、掺料等的水泥砂浆防水层厚度：20～25
F1-26	①≥2.0 自粘聚合物改性沥青防水卷材（无胎） ②防水砂浆	
F1-27	①≥3.0 自粘聚合物改性沥青防水卷材（聚酯胎） ②防水砂浆	

附加防水层选材方案——二级防水选材见表 3-2

表 3-2　二级防水选材

F2-1	3.0 厚自粘聚合物改性沥青防水卷材（聚酯胎）	
F2-2	2.0 厚自粘聚合物改性沥青防水卷材（无胎）	
F2-3	4.0 厚改性沥青聚乙烯胎防水卷材	
F2-4	4.0 厚 SBS 改性沥青防水卷材	用于底板、外墙、顶板
F2-5	1.5（顶板 2.0）厚聚氨酯防水涂料	
F2-6	0.7 厚聚乙烯丙纶复合防水卷材＋1.3 厚聚合物水泥粘接剂	
F2-7	0.7 厚聚乙烯丙纶复合防水卷材＋1.3 厚橡化沥青非固化防水涂料	
F2-8	≥2.0 厚喷涂速凝橡胶沥青防水涂料	

2. 推荐采用的一级、二级选材方案

根据工程实际应用情况以及防水材料施工性能，总结以下推荐方案见表 3-3。

表 3-3　一级、二级推荐选材方案

F1-1	①≥4.0厚弹性体改性沥青（SBS）防水卷材（Ⅱ型） ②≥3.0厚弹性体改性沥青（SBS）防水卷材（Ⅱ型）	
F1-2	①≥0.7厚聚乙烯丙纶复合防水卷材＋≥1.3厚聚合物水泥粘结剂 ①≥0.7厚聚乙烯丙纶复合防水卷材＋≥1.3（顶板2.0）厚聚合物水泥粘结剂	用于底板、外墙、顶板
F1-3	①≥2.0厚喷涂速凝橡胶沥青防水涂料 ②≥3.0厚自粘聚合物改性沥青防水卷材（聚酯胎）	
F1-4	①≥2.0厚喷涂速凝橡胶沥青防水涂料 ②≥1.5厚自粘聚合物改性沥青防水卷材（无胎）	
F1-5	底板、侧墙：单层高分子自粘胶膜防水卷材，厚度不小于1.2mm 顶板：喷涂速凝橡胶沥青防水涂料，厚度不小于2.0mm	用于复合式结构
F1-6	底板、侧墙：单层高分子自粘胶膜防水卷材，厚度不小于1.2mm 顶板：非固化橡化沥青防水涂料＋高聚物改性沥青防水卷材（有胎、无胎）	用于复合式结构
F1-7	底板、侧墙：单层高分子自粘胶膜防水卷材，厚度不小于1.2mm 顶板：非固化橡化沥青防水涂料＋高分子均质片材	
F1-8	底板：单层高分子自粘胶膜防水卷材，厚度不小于1.2mm 顶板、侧墙：喷涂速凝橡胶沥青防水涂料，厚度不小于2.0mm	用于分离式结构或放坡
F1-9	底板：单层高分子自粘胶膜防水卷材，厚度不小于1.2mm 顶板、侧墙：1.5厚聚合物水泥防水涂料（Ⅰ型）＋1.5厚聚合物改性沥青防水卷材（N类）	用于分离式结构或放坡
F1-10	底板：单层高分子自粘胶膜防水卷材，厚度不小于1.2mm 顶板、侧墙：1.5厚聚合物水泥防水涂料（Ⅰ型）＋0.8厚线性聚乙烯丙纶复合防水卷材	可用于根阻要求
F1-11	底板：单层高分子自粘胶膜防水卷材，厚度不小于1.2mm 顶板、侧墙：1.5厚聚合物水泥防水涂料（Ⅰ型）＋1.2厚TPO聚烯烃防水卷材	可用于根阻要求
F1-12	底板：单层高分子自粘胶膜防水卷材，厚度不小于1.2mm 顶板、侧墙：1.5厚聚合物水泥防水涂料（Ⅰ型）＋1.2厚PVC内增强型防水板	可用于根阻要求
F1-13	底板：0.5厚HPPE＋喷涂速凝橡胶沥青防水涂料，厚度不小于2.0mm 顶板：喷涂速凝橡胶沥青防水涂料，厚度不小于2.0mm。	
F1-14	顶板、侧墙、底板：1.5厚聚合物水泥防水涂料（Ⅰ型）＋1.5厚聚合物改性沥青防水卷材（N类）	
F1-15	顶板、侧墙：单组分聚氨酯防水涂料，2.0mm厚；一道高渗透改性环氧树脂防水涂料底涂； 底板：3＋3mm厚聚酯胎改性沥青防水卷材	
F1-16	单层喷涂聚脲防水涂料，2.0mm厚	

综述，附加防水层选择，多用于现浇混凝土综合管廊、预制叠合式综合管廊型式。预制拼装综合管廊型式一般以拼装接缝防水为主，特殊地质、富水地区可根据基坑开挖型式选择增设结构迎水面的附加防水层措施。

3. 现浇混凝土综合管廊防水构造示例

现浇混凝土综合管廊防水采用结构自防水与外包防水层结合的方式。结构多采用放坡开

47

挖的方式，部分采用围护桩结构型式，也可采用暗挖法施工。

（1）放坡开挖

结构标准断面防水示意图如图 3-4 所示。

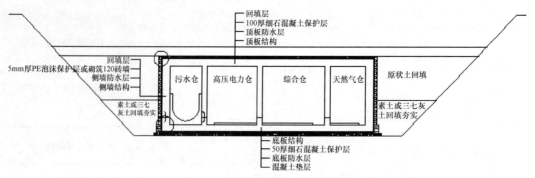

图 3-4　结构标准断面防水示意图

外防外贴法施工，侧墙优选涂层防水，或涂层＋卷材的型式；底板可采用预铺式防水卷材或其他防水卷材。

图 3-5 砌筑永久砖墙和临时砖墙，临时砖墙顶部与结构底板水平施工缝表面平齐。永久砖墙用 M5 水泥砂浆砌筑（包括 20mm 厚的找平层），临时砖墙采用 1：3 石灰砂浆砌筑（包括 20mm 厚的找平层）。铺设防水层，并在临时砖墙顶部临时固定，防止卷材滑落。砖墙标号不小于 50 号。适用于预铺式防水卷材、SBS 改性沥青防水卷材等。

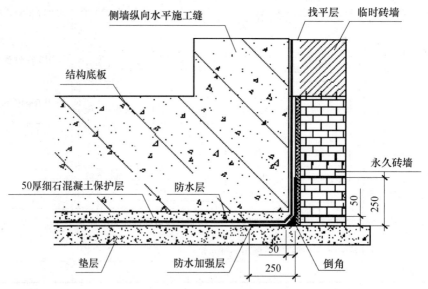

图 3-5　底板防水层预留大样

图 3-6 结构全部浇注完成并拆除模板后，拆除临时砖墙，将卷材外露部分的表面清理干净，然后做施工缝防水加强层，500mm 宽（1 厚涂料＋16 目玻纤布）。底板卷材收头与涂层搭接宽度不小于 10cm 并粘结牢固。涂刷侧墙涂料防水层及铺设覆面自粘卷材。永久砖墙宽度 240mm，高度不小于 250mm，第一道施工缝以下 250mm 范围之内，以方便侧墙防水层

与底板防水层搭接为宜。适用于涂料＋卷材的组合型式，如非固化橡胶沥青防水涂料与聚乙烯丙纶防水组合；非固化橡胶沥青防水涂料与自粘聚合物改性沥青防水卷材组合；聚氨酯防水涂料与相容性卷材组合等。

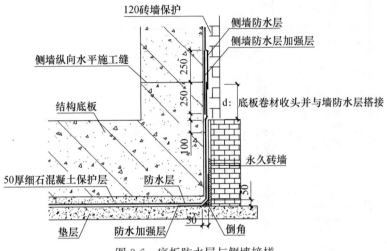

图 3-6　底板防水层与侧墙接槎

（2）围护桩型式的复合式结构防水

图 3-7 适用于防水"外防内贴"法施工，底板、侧墙宜采用预铺防水卷材等；顶板宜采用涂料防水。

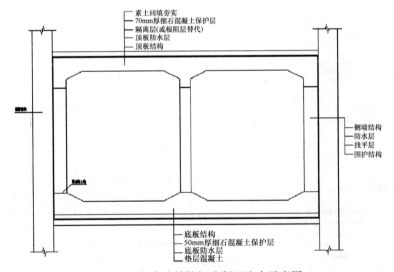

图 3-7　复合式结构标准断面防水示意图

图 3-8 有围护桩的侧墙防水层与顶板的搭接过渡，与所选用的材料类型有关。本节点适用于侧墙防水卷材与顶板涂料如聚氨酯的搭接过渡，不适用膨润土防水毯。

（3）暗挖法施工的地下综合管廊防水

图 3-9 为暗挖法施工复合式衬砌夹层防水，在初衬与二衬之间设置防水层，可采用塑料防水板，也可采用预铺式防水卷材，需要设置无纺布衬垫层。

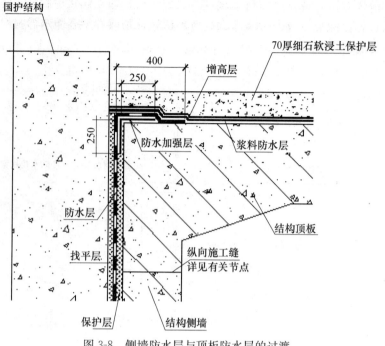

图 3-8 侧墙防水层与顶板防水层的过渡

图 3-10 为防水板的无钉孔铺设示意。即采用圆垫圈固定无纺布，防水板与圆垫圈之间采用热风枪焊接。整个防水板在初衬上固定表面没有钉孔。

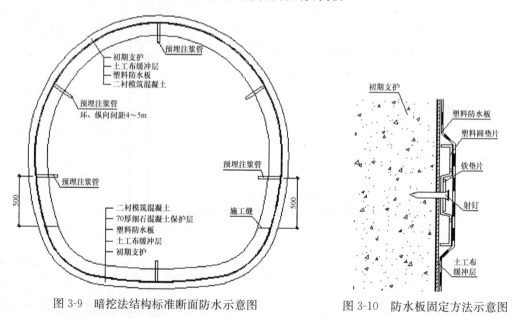

图 3-9 暗挖法结构标准断面防水示意图　　　图 3-10　防水板固定方法示意图

图 3-11 为注浆系统设置在防水板表面。注浆系统包括注浆底座和注浆导管，注浆底座应与防水层热熔焊接。注浆导管采用塑料螺纹管，并应具有足够的抗压强度，确保埋入混凝土内的部分不被压扁。注浆底座边缘采用四点焊接在防水板表面，四点应对称设置，每个焊

接点宜为 10mm×10mm。焊接牢固，避免浇捣混凝土时底座脱离防水板，但不得将底座边缘全部热熔满焊在防水板表面，以免后期浆液无法注入。注浆导管与注浆底座连接应牢固、密闭，避免底座与导管脱离。导管开孔端可直接引出结构表面，也可根据混凝土保护层的厚度，将开孔端用封口盖堵住并用封口胶带严密封口后埋入混凝土内，模板拆除后将开孔端表面封口胶带和混凝土破除即可露出注浆导管。此时应采取措施避免导管开孔段移位。注浆底座的间距一般为 1.2～1.5m。注意，当采用预铺式防水卷材时，无须设置注浆底座系统。

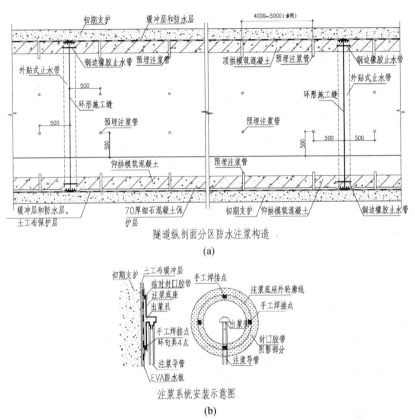

(a)

(b)

图 3-11　隧道纵剖面分区防水注浆构造

四、地下综合管廊防水节点构造措施

1. 变形缝

现浇混凝土的管廊，变形缝设置一般为 30～40m，缝宽 30mm；可采用中埋式橡胶止水带、钢边橡胶止水带或压差式橡胶止水带，均为中孔型。特殊情况时，在燃气仓或直排式雨水、污水仓，则中隔墙也需设置中埋式止水构件，因此在底板和顶板的止水带需采用 T 形接头。

（1）变形缝防水措施

一般在变形缝迎水面设置 350mm 宽中孔型外贴式止水带；结构中部整环设置 350mm 宽中孔型中埋式钢边橡胶止水带；在顶板、侧墙和底板变形缝内侧采用双组分聚硫密封胶或单组分聚氨酯密封胶进行整环嵌缝；因综合管廊变形缝设置较多，结构内侧顶板、侧墙一般可不设置接水盒，有渗漏迹象的可治理后设置。

综合管廊多采用放坡开挖型式，迎水面设置外贴式止水带，在侧墙和顶板处可以采用密封胶替代，或在侧墙混凝土施工模板作业的同时预留设外贴式止水带。

（2）变形缝相关防水构造

① 底板、顶板变形缝防水做法

图 3-12 为结构底板迎水面设置的外贴式止水带部位不能浇注底板防水层的细石混凝土保护层；

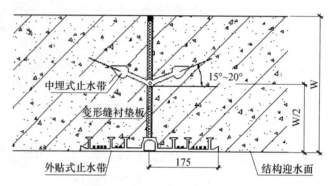

图 3-12　底板变形缝防水示意图

图 3-13 为结构顶板迎水面须用建筑密封胶嵌缝。

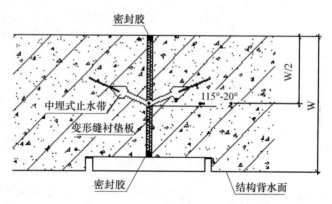

图 3-13　顶板变形缝防水示意图

② 变形缝接水盒设置

接水盒在变形缝顶板、侧墙设置，需预留凹槽，深度不得大于结构钢筋保护层的厚度。固定的钉孔部位须用密封胶密封。因管廊变形缝设置较多，接水盒一般可不设置，只在出现渗漏并治理后设置（图 3-14）。

③ 变形缝加强层设置

除变形缝嵌缝外，加强层一般设置 1m 宽，其中左右 300mm 宽与基面粘贴密实，其余部位应空铺，以适应结构伸缩变形（图 3-15）。

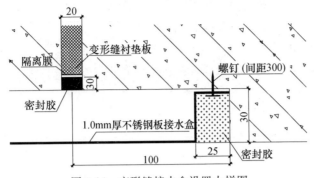

图 3-14　变形缝接水盒设置大样图

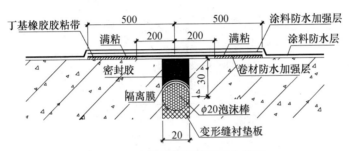

图 3-15　变形缝加强层设置大样图

（3）非迎水面变形缝要求

综合管廊结构内侧一般分为 2～4 仓，仓内以中隔墙分隔，和外墙混凝土一次性浇注。若设置中埋式止水构件，则应考虑止水带与顶板环向止水带的 T 形定制型式。无特殊要求的仓内缝可以采用密封胶嵌缝的措施。

2. 施工缝

（1）施工缝防水措施

现浇混凝土的管廊一般不设置环向施工缝。单层矩形管廊往往仅在底板与侧墙交接部位设置纵向水平施工缝。

施工缝防水一般可采用中埋式止水构件，包括中埋式钢边橡胶止水带、中埋式橡胶止水带、中埋式丁基橡胶镀锌钢板止水带、中埋式镀锌钢板止水等，也可设置全断面注浆管、遇水膨胀止水胶、遇水膨胀止水条等；施工缝结构断面需涂刷水泥基渗透结晶型防水涂料，用量一般为 $1.5\sim2.0\mathrm{kg/m^2}$，或涂刷混凝土界面剂。

（2）施工缝防水相关构造

① 施工缝防水示意图

施工缝优先选择中埋式止水构件；水平部位结构中部止水带宜采用盆式安装。结构断面中部应涂刷水泥基渗透结晶型防水材料或混凝土界面剂。施工缝部位须设置防水加强层（图 3-16、图 3-17）。

环向垂直施工缝的中埋式止水构件应与环向水平施工缝一致；纵向水平施工缝宜采用镀锌钢板止水带（图 3-18）。

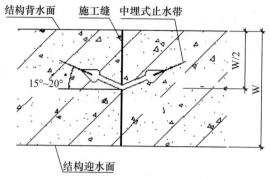

图 3-16　环向底板水平施工缝防水构造

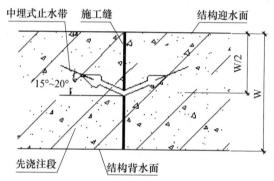

图 3-17　环向顶板水平施工缝防水构造

　　特殊部位施工缝一般用于无法设置中埋式止水构件的部位，如管廊主仓与支廊的接口、施工缝设置在箍筋部位等（图 3-19）。

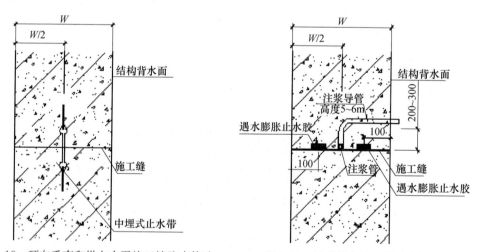

图 3-18　环向垂直和纵向水平施工缝防水构造　　　图 3-19　特殊部位施工缝防水构造

注：W 为结构衬砌厚度

　　② 施工缝注浆管与遇水膨胀止水胶施工设置

　　施工缝应优先选用中埋式止水构件，根据工程具体情况和地质情况，可增设遇水膨胀止水胶、全断面注浆管复合使用。在综合管廊分支廊体接口以及施工缝过箍筋部位，无法设置中埋式止水构件时，则按照特殊施工缝措施设置（图 3-20）。

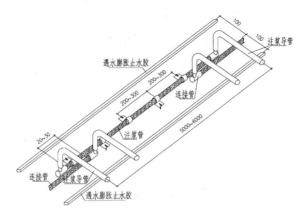

图 3-20　注浆管和止水胶安装示意图

3. 后浇带

（1）后浇带防水措施

① 特殊的施工缝，设置防水加强层，宽为后浇带宽度＋各外延 200mm；

② 在后浇带留设部分设置背贴式止水带（两侧均设）；结构中部设置遇水膨胀止水胶（20mm×10mm）＋全断面注浆管；

③ 后浇带部位混凝土待龄期达到强度后，浇注补偿收缩微膨胀防水混凝土，其强度及抗渗等级均不小于两侧混凝土。

（2）后浇带防水设置

顶板、底板、侧墙后浇带防水示意图如图 3-21～图 3-23 所示。

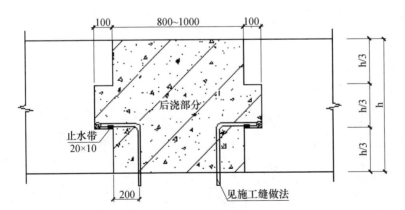

图 3-21　顶板后浇带防水示意图

后浇带结构中部不适宜设置中埋式止水构件，否则会造成混凝土振捣困难；后浇带龄期较长，混凝土表面需要采取有效的临时保护措施，防止杂物渣土掉落。

4. 出仓密封构件

图 3-24 为用于地下主体管廊分支部位，是各类管线的集中出仓示意，具有整体、密封的效果。

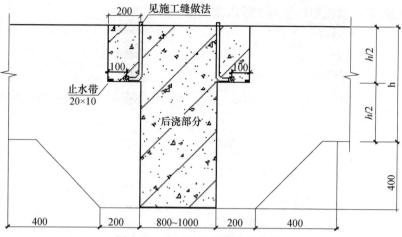

图 3-22　底板后浇带防水示意图

注：h 为结构底板厚度

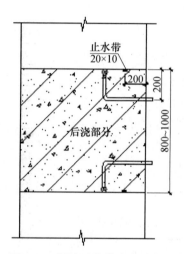

图 3-23　侧墙后浇带防水示意图

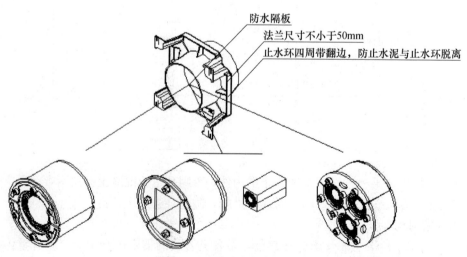

图 3-24　出仓密封构件大样图

5. 穿墙管

（1）穿墙管防水措施

① 穿墙管件等穿过防水层的部位应采用密封收头。

② 在结构中部穿墙管部位采用止水法兰和遇水膨胀腻子条（止水胶）进行防水处理，同时根据选用的不同防水材料对穿过防水层的部位采取相应的防水密封处理。

③ 穿墙管需提前预留防水套管。

（2）穿墙管防水示意图（图 3-25～图 3-27）

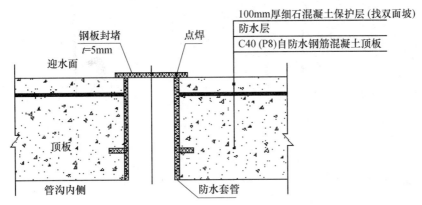

图 3-25 顶板套管式穿墙管防水构造

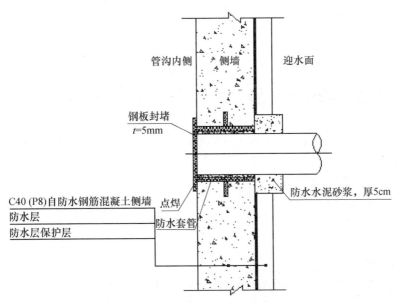

图 3-26 侧墙套管式穿墙管防水构造

穿墙管应提前预留；穿墙管需有临时封堵措施；管穿墙做法中法兰盘可随结构型式变化，以满足结构使用需求。法兰盘防锈防腐处理需满足有关建筑用钢结构防锈防腐要求。

群管穿墙需参照有关设备、给排水等专业图纸留设。穿墙管需有封堵措施；群管施作完毕后，表面采用 20mm 厚聚合物水泥砂浆封盖，再涂刷 2mm 厚聚氨酯涂膜。可采用同强度等级防水混凝土灌注。嵌缝材料具备防火相关要求（图 3-28）。

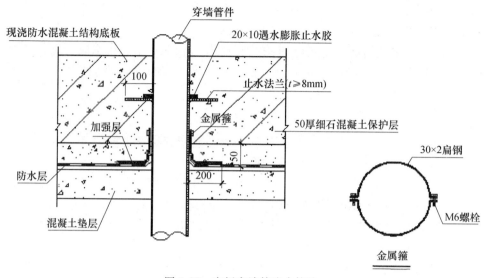

图 3-27　底板穿墙管防水构造

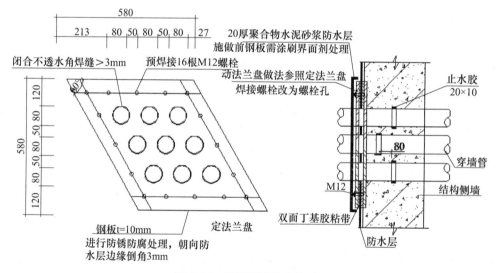

图 3-28　群管穿墙防水构造

6. 管廊内嵌缝要求

　　燃气仓、直排式雨水、污水仓应在结构迎水面、背水面进行双层嵌缝，宜采用适应变形且与混凝土基面粘贴牢固的非固化类密封胶。燃气仓的嵌缝胶应满足国标 GB/T 24267 的阻燃性测试要求。

第四章　城市综合管廊细部构造

第一节　城市综合管廊防水工程细部构造

城市综合管廊工程施工中有一系列的施工缝、变形缝，施工缝是城市综合管廊防水薄弱部位，宜因设计施工不当而出现渗漏。因此，施工缝宜留在结构受剪力较小且便于施工的位置，竖向施工缝的留置宜与后浇带或变形缝相结合，避开地下水。施工缝防水构造应按《地下工程防水技术规程》GB 50108 执行。

地下综合管廊明挖法接缝防水设防应按表 1-2、表 1-3 选用，接缝表面应根据主体防水层用材料相容的防水卷材或防水涂料等进行增强处理。

一、施工缝

1. 墙体水平施工缝应留在剪力最小处或底板与侧墙的交接处，并在高出底板表面不小于 300mm 的墙体上。拱（板）墙结合的水平施工缝，宜留在拱（板）接缝线以下 150～300mm 处。

2. 垂直施工缝应避开地下水和裂隙水较多的部位，并宜与变形缝相结合。

3. 垂直施工缝浇注混凝土前，应将其表面清理干净并涂刷界面处理材料。

（1）遇水膨胀止水条（胶）应与接缝表面密贴。

（2）应选用缓凝性的膨胀止水条。

（3）采用中埋止水带或预埋式注浆管时，应定位准确、固定牢靠。

二、变形缝

伸缩缝和沉降缝属于变形缝，设置变形缝的目的是为适应地下管廊工程由于温度、湿度作用及混凝土收缩而产生的水平变化，以及基础均匀沉降而产生的垂直变位。

1. 变形缝应满足密封防水、适应变形、施工方便、检查容易等要求。

2. 变形缝的构造型式和材料，应根据工程特点、地基或结构变形情况以及水压、水质和防水等级确定。变形缝处混凝土的厚度不应小于 300mm，变形缝设计的宽度宜为 20～30mm。

3. 对水压小于 0.03MPa，变形量小于 10mm 的变形缝可用弹性密封材料嵌填密实或粘贴橡胶片。

4. 对水压小于 0.03MPa，变形量为 20～30mm 的变形缝，宜用附贴式止水带。

5. 水压大于 0.03MPa，变形量 20～30mm 的变形缝，应采用埋入式橡胶或塑料止水带。

6. 对环境温度高于 50℃处的变形缝，可采用 1～2mm 厚中间呈圆弧形的金属止水带。

7. 需要增强变形缝的防水能力时，可采用埋入式止水带，或采用嵌缝式、粘贴式、附贴式、埋入式等复合使用。

8. 密封材料应采用混凝土，接缝用密封胶。

9. 止水带的接缝位置应正确，其中间空心圆环应与变形缝的中心线重合，不得设在结构转角处。

10. 止水带应固定，顶、底板内止水带应呈盆状安设。钢边止水带、普通止水带施工见施工案例。

变形缝施工应符合下列规定：

（1）中埋式止水带埋设应准确，其中间空心圆应与变形缝的中心线重合。

（2）止水带应固定，顶、底板内止水带应成盒状安设，止水带宜采用专用钢筋固定，用扁钢固定时，止水带先用扁钢夹紧，并将扁钢与结构内钢筋焊牢。

（3）中埋式止水带在转弯处宜用直角专用配件，并应做成圆弧状，橡胶止水带半径不小于200mm，钢边橡胶止水带应不小于300mm。

（4）采用遇水膨胀橡胶与普通的复合型橡胶条，中间夹有钢丝或纤维织物、遇水膨胀橡胶条等，应采取有效的固定措施。

三、后浇缝

后浇带后浇缝是在地下管廊工程不允许设置变形缝而实际长度超过伸缩缝的最大间距而设置的一种刚性接缝。

1. 后浇缝应设在受力和变形较小的部位，宽度可为700～1000mm，不得设在变形缝部位。

2. 后浇缝可做平直缝或阶梯缝，结构主筋不宜在缝中断开。

3. 后浇带需超前止水时，后浇带部位混凝土应加厚，并增设外贴式或中埋式止水带。

4. 后浇缝的施工应符合下列规定：

（1）后浇缝应在其两侧混凝土龄期不得少于42d再施工，即两侧混凝土干缩变形基本稳定后再施工；

（2）施工前应将接缝处的混凝土凿毛，清洗干净，保持湿润并刷水泥净浆；后浇带部位和外贴式止水带应予以保护，严防进入杂物；

（3）后浇缝应采用补偿收缩混凝土浇注，其强度等级和抗渗等级不应低于两侧混凝土；

（4）后浇缝混凝土的养护时间不得少于28d，高层建筑应按设计规范施工。

四、穿墙管（盒）

1. 穿墙管（盒）应在浇注混凝土前埋设，是为了避免浇注混凝土完成后，再凿洞破坏防水层造成隐患。

2. 结构变形或管道伸缩量较小时，穿墙管可采用主管直接埋入混凝土内的固定式防水做法。主管埋入前，应加入止水环，环与主管应满焊或粘结密实。

3. 结构变形后管道伸缩量较大或有更换要求时，应采用套管式防水做法，套管应焊加止水环。

4. 当穿墙管线较多时，宜相对集中，采用穿墙盒方法。穿墙管的封口钢板应与墙上的预埋角钢焊严，并应从钢板上的浇注孔注入柔性密封材料或细石混凝土。相邻穿墙管间距应大于 300mm。穿墙管与内墙角凸凹部位的距离应大于 250mm。

五、埋设件

1. 围护结构上的埋设件应预埋或预留孔（槽），其目的是为了避免破坏管廊工程的防水层。埋设件端部或预留孔（槽）底部的混凝土厚度不得小于 250mm 时，必须局部加厚或采取其他防水措施。

2. 预留孔（槽）内的防水层，应与孔（槽）外的结构附加防水层保持连续。

六、孔口

1. 地下工程通向地面的各种孔口应设置预防地面水倒灌措施，出入口应高出地面不小于 500mm，并应有防雨措施。汽车出入口设置明沟排水，其高于地面高度宜为 150mm，并应采取防雨措施。

2. 窗井的底部在最高地下水位以上时，窗井的底板和墙宜与主体断开。

3. 窗井或窗井的一部分在最高地下水位以下时，窗井应与主体结构连成整体。如果采用附加防水层，其防水层也应连成整体。

4. 窗井内的底板，必须比窗下缘低 200～300mm。窗井墙高出地面不得小于 300mm。窗井外地面宜作散水。

5. 通风口应与窗井同样处理，竖井窗下缘离室外地面高度不得小于 500mm。

七、坑、池

1. 坑、池、储水库宜用防水混凝土整体浇筑，内设附加防水层。受振动作用时应设柔性附加防水层。

2. 底板以下的坑、池，其局部底板必须相应降低，并应使防水层保持连续。

3. 城市给水排水管道与地下工程的水平距离应大于 2.5m，并不得穿过地下工程。

4. 对工程周围的地表水，应采取有效的截水、排水、挡水和防洪措施，防止地面水流入工程或基坑内。

5. 防水混凝土和附加防水层施工时，基底不得有水，雨季施工时应有防雨措施。

6. 地下管廊明挖工程的自重应大于静水压头造成的浮力，在自重不足时必须采用锚桩或其他措施。抗浮力安全系数应大于 1.1。施工期间应采取有效的抗浮力措施。

7. 明挖施工时应符合下列规定：

（1）在混凝土和结构外表面附加防水层施工时，应有防雨措施；

（2）地下水位应降至工程底部最低标高 500mm 以下，降水作业应持续至回填完毕；

（3）工程底板范围内的集水井，在施工排水结束后应用微膨混凝土填筑密实。

8. 地下管廊明挖工程在防水层的保护层或混凝土模板拆除并检查合格后，应及时回填，并应满足：

（1）基坑内杂物应清理干，无积水；

（2）工程周围 800mm 以内宜用灰土、黏土或亚黏土回填，但不得含有石块、碎砖、灰碴及有机杂物，也不得有冻土；回填施工应均匀对称进行，并分层夯实，人工夯实每层厚度不大于 250mm，机械夯实每层厚度不大于 300mm，并应防止损伤防水层；

（3）工程顶部回填厚度超过 500mm 时，才允许采用机械回填碾压。

9. 附建式工程的地面建筑物四周应做散水，宽度不小于 800mm，散水坡度宜为 5%。

10. 地下工程建成后其地面应进行整修，地质勘察和施工时，地上的探坑等应回填密实，不得积水，不应在工程顶板上设置蓄水池或修建水渠。

八、桩头

1. 桩头用的防水及密封材料应具有良好的粘结性和湿固化性。
2. 桩头防水材料与垫层防水层应连为一体。
3. 应按设计要求将桩头混凝土剔凿并清理干净，符合防水施工要求。
4. 处理桩头用的防水材料应符合产品标准和施工标准的规定。
5. 应对遇水膨胀止水条进行保护。

九、明挖法地下综合管廊接缝选材（表 4-1）

表 4-1　明挖法地下综合管廊接缝选材表

工程部位		施工缝						变形缝						后浇带				
防水措施	自粘丁基橡胶钢板止水带	中埋式止水带	外贴式止水带	遇水膨胀止水条	预埋注浆管	外涂防水涂料	外贴防水卷材	中埋式止水带	外贴式止水带	内装可卸式止水带	防水密封材料	外贴防水卷材	外涂防水涂料	补偿收缩混凝土	外贴式止水带	预埋注浆管	遇水膨胀止水胶	遇水膨胀止水条
一级	应选二种							应选一至二种						应选	应选一至二种			
二级	应选一至二种							应选一至二种							应选一至二种			

第二节　综合管廊细部密封施工

一、综合管廊密封防水施工

1. 管廊接缝密封防水

密封技术是通过采用适用的密封材料对存在缝隙的部位、构件等连接部位进行严密封堵的方式方法。

密封技术作为一项关系到人类生活方方面面的重要技术，其应用范围非常广泛。

防水密封技术即通过选择正确、合理的建筑防水密封材料对管廊的各类缝隙部位、构配件等进行严密封堵的技术措施及施工工法等。

管廊防水密封材料是指嵌入到建筑物的缝隙，如：结构施工缝、建筑门窗周边等部位以及由于刚性材料开裂的质量通病产生的各种裂缝，能够跟随形变产生的位移变化调整自身的变形与之相适用，并达到最终气密、水密的目的的材料，又称嵌缝材料。

管廊接缝是依据需要由设计来设置安排的，它主要有以下三类：

连接缝。管廊构件与构件结合部设置的接缝，以适应建筑材料和构件尺寸的限制。

施工缝。施工中暂时形成的接缝，如后浇缝等。

变形缝。为适应建筑物各类变形而设置的接缝，如伸缩缝、沉降缝、防震缝等。

接缝密封的功能就是封闭液体、气体、固体通过接缝形成的通道，使管廊具有气密、水密和保温防水作用。密封又必须保证能承受相应的接缝位移，经相应位移变形后能充分恢复原有性能和状态，任何限制接缝位移或不能承受位移的结果均会使密封失效。

接缝密封型式主要依据使用的密封材料的类型而定，主要有两种型式：

一种是将不定型密封材料嵌填在接缝中，与结构表面粘结并形成塑性或弹性密封体。密封材料主要有改性沥青密封材料与合成高分子密封防水材料。因两种材料性能不同，施工方法应按材料的具体情况而定。目前较多采用的方法有热灌法和冷嵌法，适用于混凝土各类缝嵌填，地下工程节点的防水、防潮以及防渗等。

另一种是将定型密封材料衬垫以强力嵌入接缝，依靠自身的弹性恢复力和压紧力，封闭渗漏通道。这类密封材料包括密封条、密封垫（片或圈）、止水带等。止水带的使用方法有预填埋式和后填埋式两种，用于地下综合管廊工程等的变形缝防水。

2. 接缝密封防水施工

（1）材料要求

① 采用的密封材料应具有弹塑性、粘结性、施工性、耐候性、水密性和拉伸－压缩循环性能。

② 材料主要分为改性沥青密封材料和合成高分子密封材料，其性能见第三章。

（2）基层要求

① 基层应牢固，表面应平整、密实，不得有蜂窝、麻面、起皮和起砂现象。嵌填密封材料前，基层应干净、干燥。

② 对嵌填完毕的密封材料应避免碰损及污染，固化前不得踩踏。

（3）缝处理

结构缝中浇灌应填充背衬材料，再填灌密封材料并应设置保护层。

3. 密封材料防水施工

（1）密封施工准备

① 检查所采购的密封材料是否符合设计的规定，熟悉供货方提供的贮存、使用条件和使用方法，注意安全事项的具体规定，以及环境温度对施工质量的影响。

② 检查接缝形状和尺寸是否符合设计要求，对接缝存在的缺陷和裂缝进行处理后，方可进行下道工序施工。

（2）接缝表面处理

在嵌填密封材料前，必须清理接缝，然后依据设计要求或密封材料供应方规定，在接缝表面涂刷基层处理剂，接缝应保持干燥。

基层处理剂配比必须准确，搅拌均匀。采用多组分基层处理剂，应根据材料产品说明书确定使用量。

基层处理剂的涂刷宜在铺放背衬材料后进行。涂刷应均匀，不得漏涂。待基层处理剂表面干燥后，立刻嵌填密封材料。

嵌填防粘衬垫材料应按设计接缝深度和施工规范，在接缝内填充规定的防粘衬垫材料，保证密封材料形状系数为设计规定值。

（3）接缝密封施工

① 热灌法施工。采用热灌法工艺施工时，密封材料需要在现场塑化或加热，使其具有流塑性。

② 冷嵌法施工。冷嵌法施工是采用手工或电动嵌缝枪，分次将密封材料嵌填在缝内，使其密实防水。

（4）改性沥青密封材料，严禁在雨天或雪天施工，五级风以上时不得施工，施工的环境温度宜为 0℃～35℃。

4. 合成高分子密封材料防水施工

（1）合成高分子密封材料的密封施工准备，接缝表面处理，基层处理剂配置、涂刷和开始嵌填时间要求，要与改性沥青密封材料做法相同。凝胶后的基层处理剂不得使用。

（2）合成高分子密封材料防水施工要求

① 单组分密封材料可直接使用。对于多组分密封材料，必须根据供应方规定的比例准确计量，搅拌均匀，每次拌和量、拌和时间、拌和温度应按所用密封材料的要求严格控制。

② 密封材料可使用挤出枪或腻子刀嵌填，嵌填应饱满，防止形成气泡和孔洞。

③ 密封材料嵌填后，应在表干前用腻子刀进行压实、修整，使密封膏充分接触、渗透结构表面，排除气泡和孔穴，清除多余的密封膏，形成光滑、流线、整齐的密封缝。

④ 多组分密封材料拌和后，应在规定时间内用完。未混合的多组分密封材料和未用完的单组分密封材料应密封存放。

⑤ 嵌填的密封材料干燥后可进行保护层施工。

⑥ 合成高分子密封材料，严禁在雨天或雪天施工，五级风及以上时不得施工。溶剂型密封材料的施工环境气温宜为 0℃～35℃，水乳型密封材料的施工环境气温宜为 5℃～35℃。

二、改性沥青防水密封膏施工

防水密封膏是一种橡胶基复合型防水密封材料，产品最佳施工温度为 5℃～40℃，不得在雨中及 5 级以上大风中施工。该产品户外使用时，不宜外露，要做保护层。产品适应地下室、上人屋面、卫生间、建筑节点等长期泡水的环境中使用。

1. 施工工艺和材料要求

防水密封膏采用涂刮法工艺施工；其密封膏的品种、规格、性能等必须符合现行国家或行业产品标准和设计要求，还应符合现行行业标准《建筑防水涂料中有害物质限量》JC 1066 的规定，不得对周围环境造成污染。

2. 基层要求及处理

（1）基层要求

① 防水基层要清理干净，确保基层无油污、无渣土、无杂物、无灰尘。

② 检查基层基面是否有孔洞，凹凸不平，穿墙管道是否密集，横向管道到基面的距离，基层是否松动等情况。

（2）修补处理

① 基面如有凹凸不平、松动、孔洞等现象，先将松动部位、高的部位剔平整，再用1∶3水泥砂浆找平。

② 基层管根部位若出现松动情况，应将松动的基层剔除干净，用水泥砂浆或刚性堵漏材料进行修补。

③ 若防水基层的阴阳角无圆弧，应采用聚合物水泥砂浆进行处理。

（3）施工机具

小平铲、塑料或橡胶刮板、滚动刷、毛刷等。

（4）施工条件

① 可在潮湿、不平整及多种材质基面上直接涂抹施工。

② 密封膏防水层上的后续施工，可直接涂抹水泥浆料，贴瓷砖等。

③ 施工必须考虑天气因素，涂刷密封膏后24h不能下雨，以保证涂料干燥成膜，否则应采用相应措施防止由于24h内下雨而造成膏膜被雨水冲坏。

④ 产品最佳施工的环境温度应不低于5℃，若在0℃以下施工，防水密封膏施工应有冬季的施工方案（密封膏内添加抗冻剂）。

（5）施工操作工序

涂刷法施工操作工序：

清理基面→细部构造附加层处理→涂刷密封膏防水层→细部节点二次增强处理→质量验收。

① 基面处理：扫帚将基层表面灰浆清理，基层较大凸起或凹坑应预先处理，清除明水；

② 细部构造附加层处理：在管道、地漏、阴阳角和出入口等易发生漏水的薄弱部位，应先用防水密封膏均匀涂刮做附加层处理。按设计要求，细部构造也可做带胎体增强材料的附加层处理。

③ 涂刷密封膏防水层：卫生间涂刷施工时将密封膏用胶皮刮板涂刮在基层表面，涂刷厚度要均匀一致，立面涂刷高度根据设计要求不低于1800mm；如细部节点部位附加层密封处理时，用毛刷任意涂刷节点部位不漏底即可。

④ 参照国家相关标准进行防水质量验收。

（6）施工质量要求

① 密封膏施工完毕后，防水层不能有气泡。

② 密封膏防水层应达到设计的要求，厚薄均匀一致，表面平整。

③ 密封膏防水层应粘结牢固，不得有空鼓、翘边、皱褶及封口不严等现象。

④ 闭水试验之前，涂料必须完全固化，做到不粘手，不起皮，角落和管根部位要干透。

（7）成品保护

① 密封膏在未干固前禁止雨淋、踩踏、堆放材料和磕碰等。

② 第一次闭水试验要求做好成品保护，在进行面层和保护层施工中不得破坏防水层。闭水试验时，必须确保密封膏防水层充分干透固化。

③ 做好标识，禁止人员在密封膏防水层上面行走，尤其是穿硬底鞋的人员。

三、内置钢片式自粘丁基橡胶止水带密封施工

1. 施工工艺和材料要求

（1）施工工艺

自粘丁基橡胶止水带定位→固定→搭接缝处理→检查验收→浇注混凝土。

（2）材料要求

① 产品简介

反应型内置钢片式自粘丁基橡胶止水带，是采用耐老化、耐腐蚀、耐水、气密性优异的丁基橡胶材料，将丁基胶料包覆镀锌钢板制成刚柔性的自粘丁基橡胶止水带，是现有钢板止水带、橡胶止水带的升级换代产品。

② 其与后浇混凝土的粘结机理

该止水带在丁基自粘胶的配方技术上，通过加入多种活性基的功能助剂，功能助剂中活性二氧化硅能与碱起反应。当丁基胶层上浇注混凝土时，其水泥中的硅酸三钙在常温下水化反应生成水化硅酸钙和氢氧化钙形成化学键结合，其中带有（X/Y）亲有机和无机的两种功效基团进一步把两种分歧化学构造类型和亲和力相差大的物质在界面连接起来，使丁基橡胶自粘胶料具有反应性，与混凝土形成密实的粘结。

③ 产品特性

止水带外覆的自粘丁基胶与后浇混凝土发生化学反应，与混凝土形成一体，达到止水效果；

刚柔结合的止水带结构，能随混凝土结构的收缩变形而产生蠕变，彻底消除原有钢板止水带与混凝土变形产生的滑移微裂纹，具有优异的依随性；

优越的耐老化、耐化学腐蚀，能满足高等级地下工程长期使用要求；

优异的耐高低温性，$100℃$不流淌，$-40℃$不脆裂，良好的施工性；

绿色环保，无有机挥发物，固含量达到 98% 以上。

④ 产品规格

反应型内置钢片式自粘丁基橡胶止水带分为中埋式止水带、中埋固定式止水带、外贴式止水带三种型式。

中埋式止水带规格（厚×宽×长　单位：mm）：

$3 \times 100 \times 2000$、4000；$4 \times 100 \times 2000$、4000；$5 \times 100 \times 2000$、4000；$4 \times 150 \times 2000$、4000；

$5 \times 150 \times 2000$、4000；$6 \times 150 \times 2000$、4000；$4 \times 200 \times 2000$、4000；$5 \times 200 \times 2000$、4000；

$6 \times 200 \times 2000$、4000；$5 \times 250 \times 2000$、4000；$6 \times 250 \times 2000$、4000；$5 \times 300 \times 2000$、4000；

6×300×2000、4000。

中埋固定式止水带规格（厚×宽×长 单位：mm）：

4×150×2000、4000；5×150×2000、4000；5×200×2000、4000；6×200×2000、4000。

外贴式止水带（厚×宽×长 单位：mm）：

6×200×2000、4000；6×250×2000、4000；6×300×2000、4000。

⑤ 适用范围

适用于地下建筑（地下停车场、隧道地铁车站、地下空间、地下通道等）工程上的施工缝、变形缝、后浇带等部位的防水密封。自粘丁基橡胶止水带的物理性能见表4-2。

表4-2 自粘丁基橡胶止水带性能

序号	项　目		指标
1	橡胶层不挥物（%） ≥		97
2	低温柔性（-40℃×2h）		无裂纹
3	橡胶层耐热性（80℃×2h）		无鼓泡、无流淌
4	橡胶层与钢板剪切状态下粘合强度（N/mm）≥		0.5
5	橡胶层与钢板剪切强度保持率（%）	热处理（80℃×168h）	80
		浸水处理（168h）	80
		碱处理（10%氢氧化钙）	80
6	与后浇混凝土的剪切强度（N/mm） ≥		6.0
7	23℃断裂伸长率（%） ≥		800

2. 操作工序

（1）地下止水带选用要求

一般地下结构选用反应型内置钢片式自粘丁基橡胶止水带，采用表4-3中规格要求，也可根据设计要求。

表4-3 反应型内置钢片式自粘丁基橡胶止水带规格要求

地下深度	地上 0m	地下 1~2m	地下 2~5m	地下 5~10m	地下 10m 以下
止水带宽度（mm）	100	100~150	150~200	200~250	250~300
止水带厚度（mm）	3~5	4~5	4~6	5~6	5~6

（2）安装示意图

① 中埋式止水带安装示意图（图4-1）

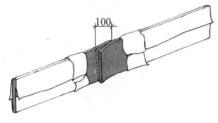 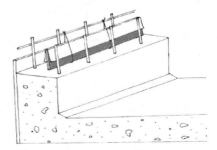

(a)揭开搭接部分的防粘贴纸，对齐，用手按压搭接100mm处，压实后，将防粘纸复位

(b)用铁丝将止水带临时固定在混凝土浇注面的钢筋上

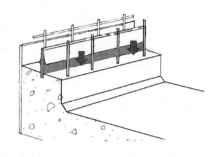
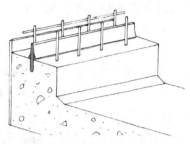

(c)混凝土浇注完成后，找平前，把止水带下部的防粘贴纸揭掉，将止水带插入混凝土中

(d)插入深度为止水带宽度的1/2部位，再在后续混凝土浇注前，将上侧的防粘贴纸揭掉

图 4-1　中埋式止水带安装示意图

② 中埋固定式止水带安装示意图（图 4-2）

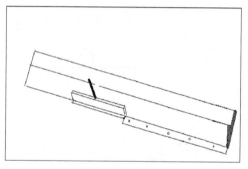
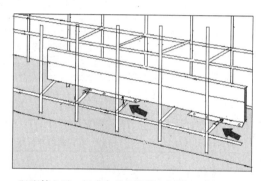

(a)将止水带平放在地上，用专用的弯折工具，把止水带下部的固定翼向左右交叉弯折成90°

(b)配筋之后，把止水带从钢筋之间插入，放入钢筋中部，施工缝部位应与止水带的1/2处对齐，把止水带固定翼用铁丝固定在钢筋上

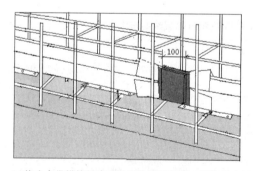
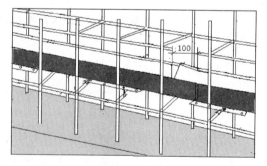

(c)将止水带搭接部位上的防粘贴纸揭开，搭接叠合长度为100mm，把防粘贴膜复位后充分按压搭接部位

(d)在浇注混凝土前，将止水带下部的防粘贴纸揭掉，上部的防粘纸应保持完好

图 4-2　中埋固定式止水带安装示意图

（3）止水带安装节点图

① 混凝土结构底板与侧墙（图 4-3）、混凝土侧墙与顶板（图 4-4）安装节点

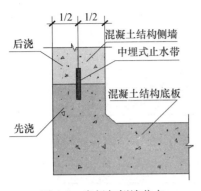

图4-3 底板与侧墙节点

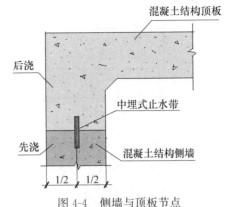

图4-4 侧墙与顶板节点

② 混凝土底板、顶板施工缝（图4-5）及后浇带（图4-6）安装节点

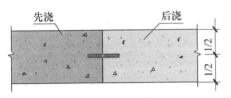

图4-5 底板、顶板施工缝节点

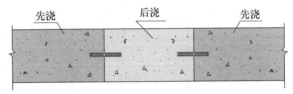

图4-6 后浇带节点

（4）施工质量要求

① 止水带之间采用丁基橡胶自粘搭接连接，搭接宽度不得小于100mm，搭接间应牢固，不得有空鼓、气泡。

② 止水带埋设位置准确、固定牢靠，与先、后浇注的混凝土基层密贴，不得出现空鼓、翘边现象。

（5）成品保护

① 模板安装时不得对止水带进行触碰或移动。在模板合模前再次确认止水带的位置，并对止水带安装外观进行检查，发现问题应及时处理。

② 在浇注止水带下部混凝土时，应保护好止水带上部的防粘纸，注意不得破坏上部的防粘纸。

第三节 综合管廊施工止水带施工

一、高分子自粘止水带施工

1. 基层要求

（1）清除基层表面的灰尘、杂物并基本平整，无明显突出物。

（2）在基层上，确定止水带铺贴位置。根据现场基层平整度情况，确定水泥浆铺抹厚度，厚度通常为3～5mm，在止水带铺贴范围内抹水泥浆（范围不宜过大、边抹边铺）。

2. 工艺流程

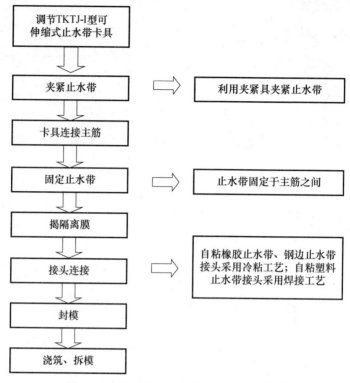

图 4-7　高分子自贴止水带施工工艺流程图

3. 施工方法

（1）高分子自贴止水带使用前隔离膜不能撕掉，以防止油或水污染。粘结使用时只需把粘结部分的隔离膜掉，待粘结面全部粘合好后再去除其他部分的隔离膜。

（2）在侧墙上进行止水带铺贴时，铺抹水泥浆应上下多人配合迅速完成，并于水泥浆表面失水前粘贴止水带，施工中若铺抹好的水泥浆失水过快，可在表面重新用宽幅软刷子刷上适量清水使其表面恢复粘性和流动性。

4. 施工注意事项

（1）高分子自粘止水带放置、固定在合理的位置，防止浇筑过程中的位置变移。

（2）清理止水带上的泥土、污物或积水。专人负责止水带的捣实和排气。

（3）避开雨雪、五级以上大风等恶劣天气施工。

5. 施工节点做法

自粘橡胶与自粘钢边橡胶止水带接头采用粘接剂冷接头方式，施工步骤如下：

（1）接头准备。首先把止水带接头切割齐整，然后将止水带两边高出的凸肋切除 3～5cm，最后利用打磨机对端头进行打磨，打磨至表面清洁平整，宽度不小于 5cm。

（2）涂刷胶粘剂。将接头拼齐，接头处涂刷 W－50 超强度瞬间胶粘剂、801 冷粘剂或 502 胶，接头处胶粘剂应均匀饱满并填充密实。

（3）接头固定。接头处用防水胶带进行绑扎固定，确保接头粘结牢固。

二、普通止水带施工

1. 中埋式橡胶止水带施工

（1）施工工艺流程：挡头模板钻钢筋孔→固定钢筋卡→固定止水带→灌注混凝土→拆挡头板→止水带定位。

（2）施工方法：沿轴线每隔一段距离（根据设计要求设定距离长度）钻钢筋孔。将制成的钢筋卡穿过挡头模板，内侧卡紧止水带一半，另一半止水带平靠在挡头板上，待混凝土凝固后拆除挡头板，将止水带拉直，然后用钢筋卡卡紧止水带，其施作方法如图4-8所示。

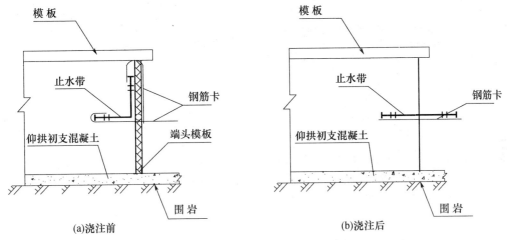

图 4-8　中埋式橡胶止水带安装示意图

2. 背贴式橡胶止水带施工

（1）施工工艺流程：固定背贴式止水带→安装下层模板→安装上层模板→止水带定位→加固模板→浇筑混凝土。

（2）施工方法：沿支护面安放好背贴式止水带，将模板下部安装在背贴式止水带上部，固定好下部模板，再安装上部模板，调整止水带位置后加固模板，待混凝土凝固后拆除挡头板，将止水带中残留的混凝土清理掉。

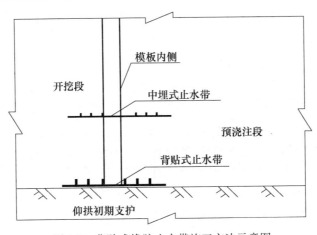

图 4-9　背贴式橡胶止水带施工方法示意图

3. 复合式止水带施工

复合式止水带由中埋式止水带和背贴式止水带组成，常用的复合式止水带施工构造图如图 4-10 所示：

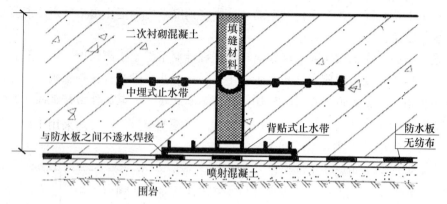

图 4-10　中埋式止水带与外贴防水层复合使用

4. 钢边止水带施工

（1）施工工艺流程：定位测量→安装止水带→止水带固定→浇注混凝土。

（2）施工方法：先将钢边止水带按设计要求，放在规定位置。利用钢边止水带两边的安装孔，用铁丝将钢边止水带与钢筋网捆扎定位。浇注混凝土时要对止水带附近地方做细微振捣，以达排除气体的作用。

地板中及池壁中钢边止水带固定如图 4-11、图 4-12 所示。

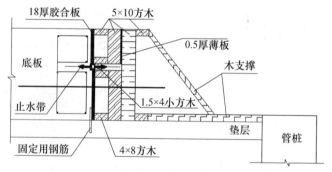

图 4-11　地板钢边中埋式止水带固定大样图（mm）

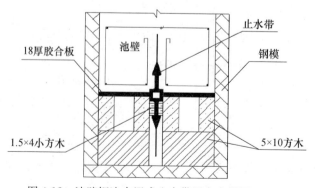

图 4-12　池壁钢边中埋式止水带固定大样图（mm）

（3）施工技术要求

钢边橡胶止水带包括施工缝和变形缝用两种止水带，其中变形缝用钢边橡胶止水带必须为中孔型，施工缝用止水带为平蹼型。止水带宽度均为 35cm，橡胶厚度 10mm，钢板为镀锌钢板，厚度 1mm。

（1）止水带采用铁丝固定在结构钢筋上，固定间距 40cm。要求固定牢固可靠，避免浇注和振捣混凝土时固定点脱落导致止水带倒伏、扭曲影响止水效果。

（2）水平设置的止水带均采用盆式安装，盆式开孔向上，保证浇捣混凝土时止水带下部的气泡顺利排出。

（3）止水带除对接外，其他接头部位（T 字型、十字型等）接头均采用工厂接头，不得在现场进行接头处理。对接应采用现场热硫化接头。

（4）止水带任意一侧混凝土的厚度均不得小于 15cm。止水带的纵向中心线应与接缝对齐，两者距离误差不得大于 1cm。止水带与接缝表面应垂直，误差不得大于 15%。

（5）浇注和振捣止水带部位的混凝土时，应注意边浇注和振捣边用手将止水带扶正。避免止水带出现扭曲或倒伏。

（6）止水带部位的模板应安装定位准确、牢固，避免跑模、胀模等影响止水带定位的准确性。

（7）止水带部位的混凝土必须振捣充分，保证止水带与混凝土咬合密实，这是止水带发挥止水作用的关键，应确实做好。振捣时严禁振捣棒触及止水带。

5. 外贴式止水带施工

（1）施工技术要求

① 外贴式橡胶止水带采用胶粘法等固定，不得采用水泥钉穿过防水层固定。

② 兼作为分区止水带时，应与防水板密贴设置，其他非分区部位可固定在防水板表面或防水层的保护层表面。

③ 橡胶止水带应采用现场热硫化对接，当无条件时，可采用未硫化的丁基橡胶腻子片粘贴搭接，搭接宽度不得小于 50mm，搭接部位的齿条间应采用未硫化丁基橡胶腻子片或密封胶进行加强密封。接头两侧止水带的纵向轴线应对齐。塑料止水带的接头要求见分区系统防水施工技术要求。

④ 止水带的纵向中心线应与接缝对齐，误差不得大于 30mm。

⑤ 止水带安装完毕后，不得出现翘边、过大的空鼓等部位，以免灌注混凝土时止水带出现过大的扭曲、移位。

⑥ 转角部位的止水带齿条容易出现倒伏，应采用转角预制件或采取其他防止齿条倒伏的措施。

（2）止水带接头方法

橡胶止水带：采用热压机硫化搭接胶合和冷粘结，接头处应平整光洁，抗拉强度不低于母材的 80%；采用以冷接法专用粘结剂连接时，搭接长度不得小于 20cm，粘结剂涂刷应均匀并压实。采用热压机硫化搭接胶合时搭接长度不得小于 10cm。

钢边止水带：中间橡胶板用热压机硫化搭接胶合，接好后，两侧钢边用铆钉将其搭接固定。

（3）注意事项

① 止水带是在混凝土浇注过程中部分或全部埋在混凝土中，混凝土中有许多尖角的石子和锐利的钢筋头，由于橡胶的撕裂强度比拉伸强度低，止水带一旦被刺破或撕裂时，不需要很大外力裂口就会扩大，所以在止水带定位和混凝土浇捣过程中，应注意保护止水带，防止止水带破裂，影响止水效果。

② 施工过程中，止水带必须固定牢固，避免在混凝土浇筑过程中发生位移，保证止水带在混凝土中正确位置。

③ 止水带固定方法有：利用附加钢筋固定；专用卡具固定；铅丝和模板固定等。

④ 在混凝土浇注过程中将止水带部分埋进混凝土中，一定要保证止水带在浇埋混凝土以前先要使其在界面部位保持平展，接头部位粘结紧固，再以适当的力充分浇捣、振捣混凝土来定位橡胶止水带，使其与混凝土良好的结合，以免影响止水效果。

⑤ 混凝土浇注过程中不能让橡胶止水带翻滚、扭结，如发现有扭转现象应及时进行调正。

⑥ 止水带的接头必须粘结良好，不应采用不加处理的"搭接"。止水带搭接必须符合设计要求，接缝平整、牢固，不得有裂口和脱胶现像。

⑦ 止水带应用不得影响其质量的适宜物品进行包装。

⑧ 每一包装应有合格证，并注明产品名称、产品标记、商标、制造厂名、厂址、生产日期、产品标准编号。

⑨ 止水带在运输与贮存时，应注意勿使包装损坏，放置于通风、干燥处，并应避免阳光直射，禁止与酸、碱、油类及有机溶剂等接触，且隔离热源；应保存于室内，并不得重压。

第五章　城市综合管廊防水工程施工

第一节　防水卷材施工

一、自粘聚合物改性沥青防水卷材施工

沥青类自粘卷材包括标准 GB 23441《自粘聚合物改性沥青防水卷材》和 GB/T 23457《预铺/湿铺防水卷材》中规定的卷材。沥青类自粘防水卷材施工时应采用专用基层界面剂和卷材搭接的密封材料。沥青类自粘卷材和配套材料必须是具有良好的相容性和良好的耐久性。沥青类自粘防水卷材厚度见表 5-1。

表 5-1　自粘沥青类防水卷材厚度选用

材料类型	聚酯胎自粘卷材		无胎自粘卷材	
	单层	双层	单层	双层
选用厚度（mm）	≥3	≥（3＋3）	≥1.5	≥（1.5＋1.5）

自粘卷材的施工方法主要分为预铺法、湿铺法、复合法三类。

1. 预铺法

预铺法又称预铺反粘法，主要适用于地下管廊底板及其他适合空铺的部位。

（1）施工流程

基层处理→细部构造加强处理→弹基准线→铺设自粘卷材（胶面向上）→搭接卷材→节点密封胶处理→自检→成品保护→质量验收→揭除自粘卷材上表面隔离膜，撒水泥粉→浇注混凝土。

（2）施工说明

① 基层处理：用铁铲、扫帚等工具清除基层面上的施工垃圾，使基层基本平整，无明显突出部位，若有明水，则需扫除。

② 细部构造加强处理：对地下室底板阴阳角、后浇带、变形缝、桩头部位按照设计要求进行加强处理。

③ 弹基准线：按照施工部位的形状，适宜沿长度方向弹基准线，尽量减少卷材的搭接缝。

④ 铺设自粘卷材：先按基准线铺好第一幅卷材，再铺设第二幅，上下两层和相邻两幅卷材的接缝应错开 1/3～1/2 幅宽，且两层卷材不得相互垂直铺贴。铺贴卷材时，卷材不得用力拉伸，应随时注意与基准线对齐，以免出现偏差难以纠正。

⑤ 卷材搭接：第一幅卷材铺设完成后，首先揭开卷材搭接部位的隔离膜，将卷材采用搭接的方式，粘贴后，随即用胶辊用力辊压排出空气，使卷材搭接边粘结牢固。采用自粘搭接的方式，卷材长、短边搭接宽度不小于80mm。

⑥ 节点密封胶处理：采用专用配套密封胶涂刷封口和端头。

⑦ 施工质量自检：自粘卷材有粘性一面应朝向主体结构；铺贴卷材应平整、顺直，搭接尺寸准确，不得扭曲、皱折、翘边和鼓泡；卷材接缝及端头应用配套密封材料进行封严；检查所有自粘卷材面有无撕裂、刺穿，发现后应及时修补。

⑧ 成品保护：防水卷材铺贴完毕后，自检无任何问题，应做好成品保护。

2. 湿铺法

湿铺法主要用于非外露防水工程，例如管廊工程底板、顶板等，采用水泥浆或聚合物水泥胶与基层粘结。

（1）施工流程

基层处理→基层润湿→节点密封及附加增强层→试铺弹定位线→配制水泥浆料→铺贴自粘卷材→挤压、辊压、排气、粘合→卷材搭接处密封胶处理→自检→成品保护→验收。

（2）施工说明

① 材料准备：夏季高温天气施工前，将材料浸泡于冷水中，以防止材料受热后，隔离膜撕揭困难。

② 基层清理：同预铺法相同。

③ 基层润湿：基面干燥时应浇水湿润，但不得有明水。

④ 节点密封及附加增强层：对阴阳角、后浇带、变形缝、桩头部位按照设计要求进行加强处理，并采用ZJYCPS强力密封胶对穿墙管、管道、落水口周边进行密封处理。

⑤ 试铺弹定位线：按照施工部位的形状，适宜沿长度方向弹线，尽量减少卷材的搭接缝。

⑥ 配制水泥浆：将普通硅酸盐水泥按照水泥∶水＝2∶1的质量比配制水泥素浆。首先按比例将水倒入搅拌桶内，再按比例将水泥倒入水中，浸泡15～20min，充分浸透后，把多余水倒掉，用电动搅拌机搅拌不少于5min。

⑦ 卷材铺贴：首先分别在基面和揭除隔离膜的卷材上刮涂水泥浆，然后将卷材对其基准线回翻铺贴；立面施工时，可先将水泥浆刮涂在揭除隔离膜的卷材上，然后水泥浆料面向内折叠（需保持水泥面同水泥面接触），由两人至三人从上方放下，协同从宽度方向的中间向两侧排气。

⑧ 排气：采用塑料或橡胶刮板从中间向两侧刮压，将水泥浆中的空气赶出。

⑨ 封边：采用水泥浆或ZJYCPS多功能密封防水涂膜对卷材的搭接处进行封边。

⑩ 养护：防水层铺好后，需要养护24～48h。因为本防水卷材属不可外露型产品。

3. 与涂料复合施工

复合法主要适用于防水涂膜，管廊底板、顶板、侧墙的防水工程。铺贴立面卷材防水层时，应采取防止卷材下滑的措施。

（1）施工流程

基层处理→涂刷基层处理剂→细部构造增强处理→喷（涂）防水涂膜层→铺贴自粘卷材

→挤压、辊压、排气、粘合→卷材搭接处密封胶处理→自检→成品保护→验收。

① 基层处理：确保基层坚硬、平整、清洁、不起砂、无空鼓，用水泥砂浆修补凹陷处，使基层含水率在 8％以下，必要时用工业吹风机，将表面浮渣、浮灰吹净。

② 细部构造增强处理：在大面积喷涂前，对阴阳角、穿墙管等细部构造按照设计要求进行加强处理；并采用密封胶对穿墙管、管道、落水口周边进行密封处理。

③ 喷涂防水涂料主要是采用非固化橡胶沥青防水涂料经加热（150℃）后喷涂在基层上。

④ 卷材铺贴：铺贴卷材按事先弹好的基准线进行；铺贴卷材时先将卷材展开，按照要求尺寸或预留部位裁剪后，再将卷材从端头回卷到卷材中间，然后从中间向两端剥开隔离膜，边撕揭隔离膜，边铺贴卷材，使卷材平整地铺贴在基层上；立面铺贴卷材，应由下往上推滚施工。

⑤ 挤压、辊压、排气、粘合：在铺贴卷材时，同时用压辊压实，使卷材从中间向两端排气，铺贴卷材时，要确保卷材长边搭接不小于 80mm。

⑥ 卷材搭接处密封胶处理：采用密封防水涂膜对卷材的搭接处进行封边。

（2）施工注意事项

① 立面施工注意事项

垂直立面卷材与基层、卷材与卷材必须满粘；

立面卷材收头，应先用金属压条固定或嵌入凹槽内，然后用配套密封胶封闭；

地下工程侧墙需要采用聚苯板等做软保护；

地下室从地面折向立面的附加层卷材和永久性保护墙的接触部位采用粘结固定，并主要保留预留二期衔接部分的隔离膜；平立面交接处、转折处附加专用附加层卷材，底板自粘卷材与砖砌永久保护墙之间刷基层处理剂满粘施工，自粘卷材收口部位采用砖体进行临时固定，待立墙施工时拆除临时保护，与底板自粘卷材接茬宽度不小于 150mm。

② 配套产品注意事项

自粘卷材与配套产品材质必须相容，并且配套密封胶类产品必须同时具有同自粘卷材和混凝土基层良好的粘结效果。

③ 铺设卷材加强层主要事项

在特殊部位铺贴一层卷材加强层或增加一道与卷材相容的涂膜防水层时，聚酯胎体卷材厚度应不小于 3mm，无胎体卷材厚度不小于 1.5mm，涂膜加强层的厚度不小于 1mm，加强层宽度适宜为 300～500mm。

二、反应型粘结防水卷材施工

反应型粘结防水卷材的性能应符合 GB/T 2345—2009 标准规定。

1. 特点

采用可形成三维网络式界面结构的反应型粘结强力密封胶为粘结密封层粘结在交叉层压强力膜或耐高温聚酯膜上复合而成的防水材料，其上表面为交叉层压强力膜，下表面为隔离膜（纸），中间为反应型粘结强力胶，它可以同水泥浆发生物理化学作用，使二者牢固粘结在一起。

2. 规格

1.2mm，1.5mm，2.0mm。

3. 施工（同预铺/湿铺防水卷材施工）

（1）清理基层，基层应无浮浆、无杂质、无明水，其平整度宜为 3mm/2m。要用砂浆找平。

（2）节点处理，对阴、阳角，管根，桩头等按相关标准及规定进行防水密封处理。

（3）制备水泥浆（水泥：水＝2：1）搅拌均匀，稠度适宜抹涂。

（4）卷材铺贴

① 基层上涂刷水泥浆；

② 撕去基材上的隔离膜（纸）；

③ 卷材铺贴搭接不应小于 80mm，搭接缝用水泥浆密封；

④ 排气，基材铺贴后，从中间向两边挤（滚）压排气；

⑤ 卷材铺贴同各节点相接处采用密封胶密封处理；

⑥ 成品保护。

三、高分子防水卷材施工

高分子防水卷材是以合成橡胶、合成树脂或二者的共混体为基料，加入适量的化学助剂和填充材料加工而成的。高分子防水卷材通常分为平膜型、自粘胶膜型、增强型（采用无纺布单面或双面增强）。

自粘胶膜防水卷材作为预铺反粘型防水，一般用在底板和复合式侧墙，不适用于放坡侧墙和结构顶板。基材应为白色、无杂质；胶粘层为半透明状。侧墙及其与底板倒角处应选用 1.0～1.2m 宽、1.5mm 厚的材料，底板可选用大于 1.2m 宽、1.5mm 厚的材料。

1. 基面处理要求

（1）基层表面不得有明水，否则应进行堵漏（注浆或表面封堵）处理，待表面无明水时，再施做侧墙缓冲层。

（2）大面防水层的基层表面应平缓过渡，可通过 1：2.5 的水泥砂浆表面抹平，处理后的基面不得出现过大突起或凹陷，需满足 $D/L \leqslant 1/10 \sim 1/20$，其中 D 为相临两凸面间凹进去的最大深度；L 为相临两凸面间的最短距离。

（3）变形缝部位中线两侧各 0.5m 宽范围内基层需施做 1：2.5 的水泥砂浆找平层，其平整度用 2m 靠尺进行检查，直尺与基层的间隙不超过 5mm，且只允许平缓变化。

（4）处理后的基层表面应坚实、干燥，不得有酥松、掉灰、空鼓、裂缝、剥落、污物及尖锐突出物等的存在。

（5）所有阴角均采用 1：2.5 的水泥砂浆做成 50mm×50mm 的钝角或 $R \geqslant 50mm$ 的圆角，阳角均做成不小于 20mm×20mm 的钝角或 $R \geqslant 20mm$ 的圆角。

2. 铺设自粘胶膜防水卷材施工

（1）铺设防水卷材时，底板及其与侧墙交角处卷材尽量环向铺设；侧墙防水卷材宜沿基层表面竖向铺设，铺设时，卷材长边应采用自粘边搭接，短边应采用搭接胶或搭接胶带搭接；铺贴卷材时不得出现十字接缝（即不得出现四层材料搭接部位）。

（2）铺贴防水卷材时，应先环向铺贴底板卷材，可采用空铺（如需固定，固定点间距1.5～2.0m），均位于搭接边以内，卷材翻起至侧墙表面卷材高度不小于1m，底板、侧墙倒角处两侧约0.3m处设置固定点，均位于搭接边以内，完工后应及时验收。验收后底板卷材应及时铺设不小于5cm的与结构底板同强度等级的防水混凝土保护层，保护层达到强度前严禁施工人员踩踏。

（3）铺贴侧墙防水卷材时，应将卷材提前放样裁切成所需尺寸，而后将其固定在侧墙基面上，固定点间距0.5～0.8m，所有固定点应牢固可靠，避免浇注和振捣混凝土时防水卷材脱落。防水卷材固定时应注意不得拉得过紧或出现大的鼓包，铺设好的防水卷材应与基面凹凸起伏一致，保持自然、平整、服贴，以免影响二衬灌注混凝土的尺寸。变形缝采用不小于800mm宽卷材进行加强，加强层边缘0.2m范围内与大面防水层采用搭接胶或搭接胶带满粘固定。

（4）防水卷材之间接缝搭接宽度长边不小于7cm，短边不小于8cm，搭接边应平整、密贴，不得出现翘边、露胶、虚接、Ω型接缝等现象。短边搭接边需采用搭接胶带进行补强；不易密贴搭接的部位也应通过搭接胶带进行补强。

（5）大面卷材铺贴完毕后，对穿墙构件进行补强，补强主要通过丁基胶带、套箍等材料完成。

（6）防水卷材铺设完毕后应对其表面进行全面的检查，发现破损部位及时进行修补，补丁边缘距破损边缘的距离不得小于7cm。补丁应满粘，以确保大面卷材的不透水性。防水层铺设完成后，应采取必要的成品保护措施。侧墙部位防水卷材的隔离层不宜过早去除，无需施工防水保护层。

（7）对防水层进行验收合格后，才能进行下道工序的施工。

（8）所有防水卷材甩槎均应超过预留搭接钢筋最少20cm，也可将甩槎卷起后固定，并注意后期的保护。甩槎过短会导致后期接槎无法操作。

3. 注意事项

（1）雨、雪天气和五级风以上的天气不得施工；基面有明水时严禁施工。

（2）钢筋的两端应设置塑料套，避免钢筋就位时刺破防水卷材。绑扎和焊接钢筋时应注意对防水层进行有效的保护。特别是焊接钢筋时，应在防水层和钢筋之间设置木胶板或润湿的木板，避免火花烧穿防水层（尤其加强对侧墙防水层保护）。结构钢筋安装过程中，现场应由专人看守，发现破损部位应及时作好记号，待钢筋安装完毕后，再进行全面的修补及验收。

（3）防水卷材表面隔离膜应在绑扎钢筋前撕除，不得过早撕除，以防止防水施工后的其他工序污损自粘胶层。

（4）底板的预留卷材搭接边上铺不小于10mm厚的木板（与防水卷材间设置土工布隔离层）进行临时保护。

（5）当破除预留防水层部位的围护结构时，应采用人工凿除，尽量避免采用风镐等机械破除连续墙。预留防水层一旦被破坏，会直接影响防水层的后续搭接，无法保证防水卷材的连续性。

四、塑料防水板施工技术要求（ECB、EVA 防水板）

塑料防水板采用无钉孔铺设双焊缝工艺施工，其中一级设防要求时，采用 2.0mm 厚的 ECB 防水板，二级设防要求时采用 1.5mm 厚 EVA 防水板，缓冲层和底板（仰拱）柔性保护层均采用 400g/m² 的短纤无纺布。与防水板配套使用的材料包括塑料外贴式止水带、注浆系统、塑料圆垫片（暗钉圈）、铁垫片、水泥钉等。

1. 基层处理

（1）铺设防水板的基面应无明水流，否则应进行初支背后的注浆或表面刚性封堵处理，待基面上无明水流后才能进行下道工序。

（2）铺设防水板的基面应平整，铺设防水板前应对基面进行找平处理，处理方法可采用喷射混凝土或 1：2.5 水泥砂浆抹面的方法，一般宜采用水泥砂浆抹面的处理方法。处理后的基面应满足如下条件：$D/L \leqslant 1/10$，其中 D 为相临两凸面间凹进去的最大深度；L：相临两凸面间的最短距离。

（3）基面上不得有尖锐的毛刺部位，特别是喷射混凝土表面出现较大的尖锐石子等硬物，应凿除干净或用 1：2.5 的水泥砂浆覆盖处理，避免浇注混凝土时刺破防水板。

（4）基面上不得有铁管、钢筋、铁丝等突出物存在，否则应从根部割除，并在割除部位用水泥砂浆覆盖处理。

（5）变形缝两侧各 50cm 范围内的基面应全部采用 1：2.5 防水水泥砂浆找平。

（6）当仰拱初衬表面水量较大时，为避免积水将铺设完成的防水板浮起，宜在仰拱初衬表面设置临时排水沟。

2. 铺设缓冲层

（1）铺设防水板前应先铺设缓冲层，用水泥钉（或膨胀螺栓）、铁垫片和与防水板相配套的塑料圆垫片将缓冲层固定在基面上，固定时钉头不得突出垫片平面。固定点之间呈正梅花形布设，侧墙上的固定间距为 80～100cm；顶拱上的固定间距为 50～80cm；仰拱上的防水板固定间距为 1～1.5m；仰拱与侧墙连接部位的固定间距应适当加密至 50cm 左右。所有塑料垫片均应选择基层凹坑部位固定，避免固定防水板时局部过紧。

（2）缓冲层采用搭接法连接，搭接宽度 5cm，搭接缝可采用点粘法进行焊接或用塑料垫片固定。缓冲层铺设时应与基面密贴，不得拉得过紧或出现过大的皱褶，以免影响防水板的铺设。

3. 铺设塑料防水板

（1）铺设防水板时，防水板的铺设方向以尽可能少地出现手工焊缝为主，并不得出现十字焊缝（即不得出现四层材料搭接部位），顶、底纵梁以及仰拱防水板、底板防水板宜采用沿隧道纵向铺设的方法，具体铺设方向应根据结构型式确定。

（2）防水板采用热风焊枪手工焊接在塑料圆垫片上，焊接应牢固可靠，避免浇注和振捣混凝土时防水板脱落。焊接时严禁焊穿防水板。

（3）防水板固定时应注意不得拉得过紧或出现大的鼓包，铺设好的防水板应与基面凹凸起伏一致，保持自然、平整、服贴，以免影响二衬灌注混凝土的尺寸或使防水板脱离圆垫片。

（4）防水板之间接缝采用双焊缝进行热熔焊接，搭接宽度 10cm。焊接完毕后采用检漏器进行充气检测，充气压力为 0.25MPa，保持该压力不少于 15min，允许压力下降 10％。如压力持续下降，应查出漏气部位并对漏气部位进行全面的手工补焊。

（5）防水板铺设完毕后应对其表面进行全面的检查，发现破损部位及时进行补焊，补丁应剪成圆角，不得有三角形或四边形等尖角存在，补丁边缘距破损边缘的距离不得小于 7cm。补丁应满焊，并采用塑料焊条补强焊缝，不得有翘边空鼓部位，以确保单焊缝的不透水性。

（6）对防水层进行验收合格后，才能进行下道工序的施工。

（7）所有防水板甩槎均应超过预留搭接钢筋最少 40cm，也可将甩槎卷起后固定，并注意后期的保护。甩槎过短会导致后期接槎无法操作。

4. 分区系统的施工要求

采用塑料防水板的矿山法结构，均要求设置分区系统，分区系统均设置在变形缝部位。

（1）分区系统包括与防水板同材质的塑料止水带，止水带宽度不小于 30cm。

（2）采用外贴式止水带专用焊接机将塑料止水带两端热熔焊接在防水板表面，每道焊缝宽度不得小于 30mm，要求焊接部位牢固、密实、不透水。无法保证焊接质量时，应采用塑料焊条对焊缝进行补强焊接。

（3）进入现场焊接止水带前，应取 0.5～1.0m 长度的止水带进行试焊，焊接完毕后将两端热熔密封，然后进行充气检测，充气压力 0.15MPa，并维持该压力不少于 15min，否则应对焊接设备进行检测，并调整焊接工艺，达到要求后才能够进入现场焊接。

（4）止水带的接头采用现场热熔对接焊接，要求对接牢固、严密、可靠，对接焊接后，接头部位采用厚度为 2.0mm 的自粘层密封胶粘带进行密封加强处理，密封胶粘带在应牢固粘贴在接缝四周的 20cm 范围内，要求粘贴紧密、牢固、不透水。

五、聚乙烯丙纶防水卷材-防水涂料复合施工

聚乙烯丙纶增强防水卷材具有优异的环保、耐久、防水等功能，适用于城市综合管廊防水工程使用，尤其采用与涂料复合使用，形成良好的整体防水系统。

1. 聚乙烯丙纶卷材-聚合物水泥胶粘料系统的施工要求

（1）卷材铺贴方向，底板宜平行于长边方向铺贴，立墙应垂直底板方向铺贴。

（2）卷材应先铺贴平面，后铺贴立面。

（3）卷材长短边搭接宽度均应不小于 100mm，接缝处应涂刮不小于 1.2mm 厚、100mm 宽聚合物水泥防水涂料或铺贴 200mm 宽卷材条。

（4）管廊工程底板施工宜在垫层混凝土随浇随找平后，待可以上人行走时即可施工防水层。侧墙防水宜在将混凝土表面清理后直接施工防水层。

（5）采用外防外贴法施工时应先砌永久性保护墙，待砂浆抹面层初凝后，方可铺贴卷材。

（6）采用外防外贴法铺贴卷材防水层应遵循下列规定：

① 铺贴卷材应先铺平面、后铺立面，平面与立面转角处卷材的接缝应留在平面上，卷材翻起到临时性保护墙上尺寸不应小于 300mm。

② 临时性保护墙应采用石灰砂浆砌筑，内表面应用石灰砂浆做找平层，并刷石灰砂浆。如用模板代替临时性保护墙时，应在其上涂刷隔离剂。

③ 从底面折向立面的卷材与永久性保护墙的接触部位，宜采用空铺法施工，与临时性保护墙或围护结构模板接触的部位，应临时贴附在该墙或模板上。卷材铺贴至永久性保护墙顶端应留出不小于 300mm 甩槎，且临时固定。

④ 当不设保护墙时，从底面折向立面的卷材的接茬部位应采取可靠的保护措施。

⑤ 主体结构完成后，铺贴立面卷材时，应先将留出的甩槎和接槎部位的各层卷材揭开，并将其表面清理干净，如卷材有局部损伤，应及时进行修补。

⑥ 将配置好的聚合物水泥胶粘料均匀地喷涂或批刮在基层上，用料量为不小于 2.5kg/m²。

⑦ 胶结料应边批抹边铺贴卷材，卷材铺贴时不得拉紧刚铺的卷材，应向两边抹压进行排气，接缝处应挤出胶粘料并批刮封口。

⑧ 卷材铺贴 24h 后，在搭接处用接缝胶结料或密封膏密封，厚度不应小于 10mm。

2. 聚乙烯丙纶卷材-非固化橡胶沥青防水涂料系统的施工要求

（1）非固化橡胶沥青防水应符合相关标准要求，采用专门加热设备加热，加热温度≥150℃。

（2）将热熔好的涂料，通过喷涂工具喷涂在基层上、阴阳角异型处可采用抹涂、喷涂，要均匀，厚度 1.5mm 以上。

（3）边喷涂边铺设卷材，边涂压排气，并及时批抹封口。

（4）施工做法同聚乙烯丙纶-聚合物水泥粘结剂施工。

第二节　防水涂料施工

涂料是一种无定形的材料，常温下呈流态、半流态液体或粉状加水现场拌合，通过刮涂、刷涂、辊涂或喷涂在结构表面，经溶剂挥发，水分蒸发，组分间的化学反应或反应挥发固化形成一定厚度具有防水能力的涂膜，使表面与水隔绝起到防水、防潮作用。人们把这种防水方式称为涂膜防水，采用的材料称为防水涂料。

防水涂料具有冷施工、复杂形状易于施工，涂层为连续无接缝，工程一旦渗漏易于查找和维修等优点，在国外被视为卷材的重要补充。防水涂料的缺点是涂层厚度和均匀性不易掌握和控制，施工和固化成膜受环境制约等。

涂料按材料性能可分为柔性（以有机材料为基材制成）和刚性（以水泥为基材制成）；按主要成膜物质的种类（即基本原料）分为橡胶类、合成树脂类、改性沥青和沥青类、聚合物水泥类、渗透结晶和水化涂层类；按固化成型的类别分为反应型、挥发型、反应挥发型和水化结晶渗透型，近年还出现一种不需要成膜的蠕变型的防水涂料—非固化橡胶沥青防水涂料。

一、单组分聚氨酯涂料施工

单组分聚氨酯防水涂料性能应符合《聚氨酯防水涂料》GB 19250，主要用于结构迎水面采用"外防外涂"法施工，多道涂刷（一般宜为 3～5 道涂刷），一级防水要求时的成膜厚度不得小于 2.5mm，二级防水要求时的成膜厚度不小于 2.0mm。与聚氨酯防水涂料配套使用的产品包括聚氨酯密封胶和增强层材料，增强层可采用 40～60g/m² 的聚酯无纺布或玻纤网布。

1. 基层处理要求

（1）顶板结构混凝土浇注完毕后，应反复收水压实，使基层表面平整（其平整度用 2m 靠尺进行检查，直尺与基层的间隙不超过 5mm，且只允许平缓变化）、坚实，无明水、起皮、掉砂、油污等部位存在。

（2）基层表面的突出物从根部凿除，并在凿除部位用聚氨酯密封胶刮平压实；当基层表面出现凹坑时，先将凹坑内酥松表面凿除后用高压水冲洗，待槽内干燥后，用聚氨酯密封胶填充压实；当基层上出现大于 0.3mm 的裂缝时，应沿缝双边各 10cm 宽先涂刷 1mm 厚的聚氨酯涂膜防水加强层，然后立即粘贴增强层，最后涂刷防水层。

（3）所有阴角部位均应采用 1:2.5 的水泥砂浆做成 50mm×50mm 的钝角或 $R \geqslant 50mm$ 的圆角，所有阳角均应做成 10mm×10mm 的钝角或 $R \geqslant 10mm$ 的圆角，转角范围基层应光滑、平整。

2. 防水层施工顺序及方法

（1）基层处理完毕并经过验收合格后，先涂聚氨酯专用底涂层（可采用专用稀料将聚氨酯防水涂料稀释后涂刷，用量约为 0.15～0.2kg/m²）。底涂层实干后，在阴阳角和施工缝等特殊部位涂刷防水涂膜加强层，加强层厚 1mm，涂刷完防水涂膜加强层后，立即在加强层涂膜表面粘贴增强层，最后涂刷大面防水层，严禁涂膜防水加强层表面干燥后再粘贴增强层。

（2）涂刷大面的防水层，防水层采用多道（一般 3～5 道）涂刷，上下两道涂层涂刷方向应互相垂直。每道涂层实干后，才可进行下道涂膜施工。

（3）聚氨酯涂膜防水层施工完毕并经过验收合格后，应及时施做防水层的保护层，平面保护层采用 7cm 厚的细石混凝土，聚氨酯涂层作为单道防水层，宜在浇注细石混凝土前设置隔离层。立面防水层采用厚度不小于 6mm 的 PE 泡沫塑料片材进行保护。所有泡沫塑料片材的发泡倍率均为 25～30 倍。

3. 注意事项

（1）雨雪天气以及五级风以上的天气不得施工。

（2）涂膜防水层不得有露底、开裂、孔洞等缺陷以及脱皮、鼓泡、露胎体和皱皮现象。涂膜防水层与基层之间应粘结牢固，不得有空鼓、砂眼、脱层等现象。成膜厚度不得小于设计要求。

（3）涂膜收口部位应与基层粘结牢固，不得出现翘边、空鼓部位，必要时应在收口部位采用防水砂浆覆盖。

（4）刚性保护层完工前任何人员不得进入施工现场，以免破坏防水层；涂层的预留搭接部位应由专人看护。

（5）应根据施工环境温度的变化（夏季高温环境或冬期低温环境）对防水涂料的配方进行调整，以适应不同温度下的成膜速度和质量。

（6）顶板宜采用灰土、黏土或亚黏土回填，厚度不小于 60cm，回填土中不得含石块、碎石、灰渣及有机物。人工夯实每层不大于 25cm，机械夯实每层不大于 30cm。夯实时应防止损伤防水层。只有在回填厚度超过 50cm 时，才允许采用机械回填碾压。

二、聚合物水泥防水涂料施工

1. 材料要求

聚合物水泥防水涂料简称 JS 防水涂料，聚合物水泥涂料是以丙烯酸酯等聚合物乳液和水泥为主要原料，加入其他外加剂制得的双组分水性建筑防水涂料，所用原材料不会对环境和人体健康构成危害。具有比一般有机涂料干燥快、弹性模量低、体积收缩小、抗渗性好等优点，该类涂料同聚乙烯丙纶防水卷材和湿铺防水卷材一起组合形成新的复合防水系统。

JS 防水涂料分为两类：Ⅰ型：以聚合物为主的防水涂料；Ⅱ型：以水泥为主的防水涂料。

用途：Ⅰ型产品主要用于非长期浸水环境下的建筑防水工程；Ⅱ型产品使用于长期浸水环境下的建筑防水工程。

JS 复合防水涂料是利用水泥与丙烯酸酯或 EVA 等水乳型聚合物乳液通过合理配比复合而成的双组分防水涂料。施工时可大面积喷涂采用施工。

2. 聚合物水泥基防水涂料施工工艺

（1）基层条件

① 清除基层表面杂物、油污、砂子，突出表面的石子，砂浆疙瘩等，清扫工作必须在施工中随时进行。

② 为保证涂膜牢固粘结于基层表面，要求找平层应有足够的强度，表面光滑，不起砂，不起皮。

③ 对基层含水率无要求，基面若有明水，扫除后即可施工。

④ 阴阳角应采用水泥砂浆抹成圆弧角。

（2）工艺流程

基面处理──→涂底胶──→聚合物水泥基防水涂料配制──→节点部位加强处理──→大面分层涂刮聚合物水泥基防水涂料──→防水层收头──→组织验收。

（3）施工步骤

① 基面处理：用铁铲、扫帚等工具清除施工垃圾，如遇污渍需用溶剂清洗，基层有缺损或跑砂现象，需要新修整，阴阳角部位在找平时做成圆弧形。

② 涂底胶：基层平整度较差时，在改性剂中掺合适量的水（一般比例为改性剂∶水＝1∶4）搅拌均匀后，在基层表面做底涂。

③ 聚合物水泥基防水涂料配制：先将防水涂料（按照产品说明书中提供的配比）配制好，用搅拌器搅拌至均匀细微，不含团粒的混合物即可使用，配料数量根据工程面和完成时间所安排的劳动力而定，配好的材料应在 40min 内用完。

④ 节点部位加强处理：按设计或规范要求对节点部位（阴阳角、施工缝、地漏等）涂刷聚合物水泥基防水涂料加强层，涂层中加设胎体材料增强。

⑤ 大面分层涂刮聚合物水泥基防水涂料：分纵横方向涂刮聚合物水泥基防水涂料，后一涂层应在前一涂层表干但未实干时施工（一般情况下，两层之间约 2～4h），以指触不粘

为准。

⑥ 防水层收头：聚合物水泥基防水涂料收头采用多变涂刷或用密封材料封严。

⑦ 质量检验。

⑧ 成品保护。

（4）施工注意事项

① 每层涂覆时应先进行测验，测定每平方米涂料用量，施工时应按测定的用量取料。

② 覆蘸料应均匀，要求前后左右多次刷滚均匀，不能局部有沉积，立面、斜面涂刷应从上往下，防止流坠或过厚。

③ 已凝胶或结膜的胶料不得继续使用或兑新料。

④ 产品保护：防水涂膜完全固化验收合格后，应及时做好成膜保护工作，以防止后续工序对涂膜的破坏，从而影响整体防水层的防水性能，应加强对有关施工人员的教育工作，自觉形成成品保护意识，同时采取相应措施，切实保证防水层的防水性能。

三、非固化橡胶沥青防水涂料卷材复合施工

非固化橡胶沥青防水涂料分为常温型、中温型（70℃）、高温型（≥150℃），目前常用的是高温型，主要用于同卷材类产品进行复合施工，涂料喷涂在基层上形成一个整体的防水层（1.5～2.5mm）然后将卷材铺设在上面形成一个复合防水系统。

1. 施工工艺和材料准备

（1）施工工艺

材料准备→基层清理→细部附加层施工→非固化橡胶沥青防水涂料施工→铺贴防水卷材→卷材搭接边处理→质量检查、验收。

（2）材料要求

① 主材：非固化橡胶沥青防水涂料，自粘聚合物改性沥青防水卷材，SBS改性沥青防水卷材。

② 辅材：聚酯无纺布，密封膏，镀锌金属收口压条，固定螺钉。

③ 卷材：增强型高分子防水卷材，聚乙烯丙纶防水卷材，自粘型聚合物改性沥青防水卷材，自粘型高分子防水卷材。

2. 基层要求及处理

（1）防水基层应平整、干燥、坚实，不得有起皮、起砂现象；

（2）防水基层上的管道、预埋件、设备基础等应在防水层施工前埋设和安装完毕；

（3）阴阳角、平面与立面的转角处应抹成圆弧，圆弧半径宜为50mm。

3. 施工机具准备

（1）基层清理：扫帚，卷尺，盒尺；

（2）非固化涂料施工：专用脱桶器，专用加热器，专用喷涂机，刮板；

（3）卷材铺贴：壁纸刀，压辊，弹线盒；

（4）卷材封边：喷灯，热风焊枪。

4. 施工作业条件

（1）温度不低于－10℃；

（2）不得有五级以上大风；

（3）雨雪天不得施工。

5. 施工操作工序

（1）基层清理

用扫帚或吹风机将基层的浮灰及建筑垃圾清理干净，达到基层坚实、平整，干净（无灰尘、无油污）、干燥的施工条件。

（2）细部附加层施工

采用刮涂法进行非固化橡胶沥青涂料的附加层施工。将加热后的涂料倒在附加层的基面上，使用刮板进行涂刮，涂刮要均匀不得露底，非固化橡胶沥青涂料一般不小于2mm厚。

在附加层的范围内涂刮完成后，涂料表面覆盖铺贴聚酯无纺布。

（3）大面涂料施工

非固化橡胶沥青涂料可采用两种施工方法：刮涂法施工与喷涂法施工，根据施工现场情况及要求选择合适的方法。

在非固化橡胶沥青涂料大面施工前，应确定卷材的铺贴区域及范围。按此基准线将卷材预铺，释放应力，然后将卷材重新打卷。

① 刮涂法施工

把加热后的涂料倒在已确定范围的基面上，使用刮板进行涂刮，满刮涂不露底，刮涂厚度应满足设计的要求。刮涂应控制好速度，保证涂料均匀，一次达到设计厚度，每次刮涂的宽度应比卷材宽100mm。

② 喷涂法施工

将设备接到专用的喷枪上，调整好喷嘴与基面距离、角度及喷涂设备压力，喷涂后的涂膜层表面应平整，不露底且薄厚均匀。施工时应根据设计厚度多遍喷涂，每遍喷涂时应交替改变喷涂方向，同层涂膜的先后搭接宽度宜 30～50mm。每一作业幅宽应大于卷材宽度的100mm。

③ 铺贴卷材防水层

卷材铺贴于已施工完成的防水涂料表面，铺贴增强型和自粘型高分子防水卷材。自粘聚合物改性沥青卷材的搭接采用冷粘型式（搭接宽度≥80mm）。高聚物改性沥青防水卷材的搭接采用热熔法处理（搭接宽度≥100mm），用喷灯充分烘烤搭接边上下两层卷材沥青涂盖层，必须保证搭接处卷材间的沥青密实融合，且从边端挤出均匀的熔融沥青条，对卷材端口进行密封。

6. 施工节点处理

（1）阴阳角，管根细部节点处理。

（2）平立面交接处、转折处、阴角、管根等均应做成均匀一致、平整光滑的圆角，圆弧半径不小于50mm；

（3）阴阳角，管根等处刮涂非固化橡胶沥青防水涂料做加强处理，附加层宽度为500mm，并铺贴一道聚酯无纺布，用无纺布在两面转角、三面阴阳角等部位进行增强处理，平立面平均展开。

（4）附加层处理方法是先按细部形状将无纺布剪好，在细部视尺寸、形状合适，待附加层非固化防水涂料薄涂完毕，即可立即粘贴牢固，附加层要求无空鼓，并压实铺牢。

（5）后浇带节点处理

在后浇带位置涂刷与大面同厚度的非固化橡胶沥青防水涂料做附加增强处理，并在涂料表面铺贴聚酯无纺布，附加层宽度大于等于后浇带两侧各250mm。

（6）变形缝节点处理

在变形缝节点部位涂刷与大面同厚度的非固化橡胶沥青防水涂料做附加增强处理，并在涂料表面铺贴聚酯无纺布，附加层宽度不小于500mm。

7. 施工质量要求

非固化沥青涂料的质量要求：涂料不得有起泡现象，涂刷不均匀现象。

四、喷涂速凝沥青防水涂料施工

1. 施工设备与机具

喷涂设备：专用喷涂机、高压软管、喷枪及配套设备。速凝沥青防水涂料是一种水乳型环保防水涂料，采用喷涂成型，10s内成膜，粘结在混凝土基层上，14～20h内固结，形成贴服在基层上的整体防水层。

搅拌器，过滤器，清洗剂等；常用清理及抹灰工具，水桶、扫帚、剪刀、风力除尘机；

防护设备：防护服，安全帽，护目镜、乳胶手套等。

2. 基层（找平层）应设分隔缝

间距6m×6m，并用嵌缝材料嵌填，基层应平整、无酥松、无污染、起砂等现象，经验收合格后方可防水施工；基层应无明水、无浮灰、无油渍、无杂物，表面平整度应符合相关规范要求；穿透防水层的管道、预埋件、设备基础、预留洞口等均应在防水层施工前埋设和安装牢固，做好密封处理，并验收合格；严禁在雨、雪、5级风及以上的天气施工。环境温度低于0℃时不宜施工（如在0℃以下施工时，必须采取保温措施），不得在有冰、霜的基面施工。

3. 施工工艺

（1）工艺流程（图5-1）

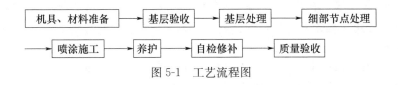

图5-1　工艺流程图

（2）基层要求

基层应无明水、无浮灰、无油渍、无杂物，表面平整度应符合相关规范要求；穿透防水层的管道、预埋件、设备基础、预留洞口等均应在防水层施工前埋设和安装牢固，做好密封处理，并验收合格；基层若不符合以上条件，应在防水层施工前修复。

（3）基层分割嵌缝

进行嵌缝，要求填缝密实，粘结牢固，无鼓包、无空鼓现象。

（4）细部节点

细部节点附加层均为喷涂合成高分子液体橡胶防水胶膜，厚度0.7mm；合成高分子液体橡胶防水胶膜喷涂施工，一次喷涂成型，厚度为1.5mm。

① 变形缝

变形缝内宜填充泡沫塑料，上部填放衬垫材料，用QLR合成高分子液体橡胶防水胶膜喷涂封盖，顶部加扣金属板或预制混凝土板。

② 地下室底板

桩头防水处理采用刚性防水材料将桩头四周及钢筋根部封堵密实，后喷涂QLR防水胶膜附加层、防水层。

③ 地下室穿墙管

地下室穿墙管止水环与主管应焊接密实；穿墙管厚度应在浇筑混凝土前埋置；结构变形或管道伸缩量较小时，穿墙管可采用主管直埋入混凝土的固定方式防水法，并应预留凹槽，槽内喷涂0.3mm厚QLR防水胶膜，后用水泥砂浆抹出八字脚，喷涂施工。

（5）大面喷涂防水层

① 满粘法施工

基层清理干净，细部处已按规定或图纸要求处理；

喷涂机按工作压力，将料送到喷枪，喷枪口距被喷涂面600～800mm。双组分材料在喷枪口外150～300mm处交叉后充分混合雾化，到达被喷涂面后瞬间成膜；

喷涂施工宜分区完成，500～1000m² 为一区域进行施工，施工时需连续喷涂至设计厚度。每一遍的喷涂厚度为0.35～0.50mm厚，上、下交替改变喷涂方向，下一遍覆盖上一遍2/3宽度，以保证涂层厚度均匀，无漏喷。

② 空铺法施工

喷涂胶膜层前，用无纺布等隔离材料空铺底层，短边横向搭接宽度为70mm，长边纵向搭接宽度为100mm，用108胶或其他专用接缝密封材料和水泥钉固定牢靠。其余施工步骤与满粘法施工相同。

（6）养护

喷涂后，3s固化成膜（气温过低时，为保证涂膜质量可添加适当缓凝剂，延长固化时间）。依据周围环境温度、湿度的不同，胶膜干燥时间为24～48h，期间胶膜发生排气、排水的鼓泡现象属于正常现象，48h后进行下一道工序为宜。

（7）自检修补

各类防水工程的细部构造处，边缝接缝等均应在固化成膜后做外观检查，发现问题应及时修补，确保涂膜防水层厚度完整无裂纹。

（8）保护层施工

当喷涂层表面设计有要求或有可能接触锐器、重型重物或高温焊屑时，应做遮蔽防护。设计有规定时，遵守设计规定；无规定时，应按下列要求做好保护：

可采用20mm厚1:2.5水泥砂浆保护层，表面应抹平压光，并设表面分隔缝；

可采用40～50mm厚细石混凝土保护层，不应留施工缝，混凝土应振捣密实，表面应抹平压光，分隔缝纵横间距不应大于6m；

采用块体材料保护层应在结合层上铺设。铺设时分格缝纵横间距不应大于 10m，分格缝宽度不宜小于 20mm。底面应洁净，块体材料与结合层之间应紧密贴合；

分格缝中嵌填密封材料；

水泥砂浆、水泥混凝土或块体材料保护层与卷材或涂料防水层之间应设置隔离层；

水泥砂浆、水泥混凝土或块体材料保护层与女儿墙、山墙之间应预留宽度为 30mm 的缝隙，并用密封材料嵌填严密。

第六章 城市综合管廊防水工程案例

第一节 白山（公主岭）市地下综合管廊 PPP 项目

（自粘聚合物改性沥青防水卷材复合做法）
北京东方雨虹防水技术股份有限公司

一、工程概况

白山市综合管廊建设总长度共计 55.80km，其中浑江区 33.3km，江源区 22.5km，浑江区主要是结合旧城改造，对地下管线进行系统梳理，实现老城区管网结构的优化；江源区主要是结合新城建设，将新建管线统一纳入综合管廊，实现新城区的"统一规划、统一建设、统一管理"。

该工程分四期进行建设，2015 年启动综合管廊一期工程，浑江区 7.5km，江源区 5.52km，总投资 15 亿元。2015 年 7 月一期项目将建设浑江区长白山大街 7.50km、大台子上道路 3.02km 等，排迁改线各类管线总长度 55km；2016 年二期项目建设浑江区南平街、向阳路等，新建道路长度 8.98km，排迁改线各类管线总长度 81.45km；2017 年三期项目建设浑江区浑江大街 7.70km、森工路等，翻建道路长度为 10.1km，新建道路长度 2.93km，排迁改线各类管线总长度 52.12km；2018 年四期项目建设浑江区通江路、排迁改线各类管线总长度 10.4km。

四期工程完工后，浑江区将形成长白山大街、浑江大街、南平街与向阳路、通江路、青年路、靖宇路、河口二路共同交织的"三横、五纵"综合管廊框架，江源区将形成干线、支线相结合的"回"型管廊系统。该项目包括综合管廊以及相应的配套电气、监控、给排水、消防、通风等工程内容；道路部分，翻建道路长度为 37.66km，新建道路长度 18.13km；管线排迁部分：排迁改线各类管线总长度 198.97km（含新建和改建雨污水管）。

白山城市地下综合管廊工程采用 PPP 模式进行建设和运营，项目规模：总投资为646344.31 万元，本工程投资具体构成为：建筑工程费：353757.41 万元；安装工程费：27597.06 万元；设备及工器具购置费：38835.34 万元；工程建设其他费用：131074.38万元。

防水选材：底板、侧墙、顶板均采用 3mm 厚 SMA－980 自粘防水卷材，采用自粘法施工。

开挖方式：明挖法，现浇混凝土施工。

二、防水设计

1. 防水选材

本工程管廊底板、侧墙、顶板均采用 3mm 厚 SAM 自粘聚合物改性沥青防水卷材（Ⅱ型），采用自粘法满粘施工。

2. 材料主要性能

1）"东方雨虹"牌 SAM-930 自粘聚合物改性沥青聚酯胎防水卷材以石油沥青为基料，以苯乙烯-丁二烯-苯乙烯（SBS）、丁苯橡胶（SBR）、增粘树脂为改性剂，聚酯胎基布为加强层，上表面覆聚乙烯膜（PE 膜）或细砂（S）或可剥离的涂硅隔离膜，下表面覆可剥离的涂硅隔离膜所制成的可以卷曲的片状防水材料。

（1）性能指标

产品性能符合《自粘聚合物改性沥青防水卷材》GB 23441—2009 要求。

（2）规格型号

按上表面材料分为聚乙烯膜（PE）、细砂（S）和无膜双面自粘（D）；按产品性能分为Ⅰ型和Ⅱ型（2mm 产品只有Ⅰ型）。

表 6-1-1　SAM-930 自粘聚合物改性沥青聚酯胎防水卷材规格

上表面材料	厚度（mm）	宽度（mm）	面积（m²）
聚乙烯膜面、细砂面、双面自粘	3，4	1000	10
	2，3		15

（3）产品特点

① 增粘树脂提高卷材的粘结强度，使卷材与基层粘结牢固，具有安全性、环保性和便捷性。

② 聚酯胎基布作为增强层，耐穿刺、耐硌破、耐撕裂，提高材料强度，有效抵御来自上下表面的损伤和破坏。

③ 对于外界应力产生的细微裂纹具有优异的自愈合性。

④ 持久的粘结性，与基层粘结不脱落、不窜水，搭接缝处自身粘结与卷材同寿命。

⑤ 抗拉强度高，延伸率大（拉力≥350N/50mm，延伸率≥30%），对基层收缩变形和开裂的适应能力强。

⑥ 高温不流淌，低温无裂纹（高温 70℃，低温－20℃），适应温度范围广。

2）"东方雨虹"牌 SAM-980 湿铺自粘聚合物改性沥青防水卷材以石油沥青为基料，与特种改性剂合成制成自粘改性沥青，聚酯胎基布为加强层，上表面覆可剥离的涂硅隔离膜，下表面覆可剥离的涂硅隔离膜或聚乙烯膜（PE 膜）所制成的可以卷曲的片状防水材料。

（1）性能指标

产品性能符合现行国标《自粘聚合物改性沥青防水卷材》GB/T 23441—2009 规定。

（2）规格型号

按性能分为Ⅰ型和Ⅱ型。

按粘结表面分为单面粘合（S）、双面粘合（D）。

表 6-1-2　SAM-980 湿铺自粘聚合物改性沥青防水卷材规格

厚度（mm）	3	4
幅宽，mm	1000	
长度，m/卷	10	

（3）产品特点

① 聚酯胎基布作为增强层，耐穿刺、耐硌破、耐撕裂，提高材料强度，有效抵御来自上下表面的损伤和破坏。

② 无需对不平基层进行专门处理，无需底涂，采用水泥砂浆与建筑基层满粘结，抗破坏能力强，具有优异的防水功能，有效阻止液态水和水蒸气进入结构中。

③ 自粘沥青具有较强蠕变性，对基层的变形适应能力强，能够满足多种施工环境要求。

④ 可直接在潮湿或有潮气的结构混凝土基层上施工，大大缩短工期，节约施工成本。

⑤ 抗拉强度高，延伸率大（拉力≥400N/50mm，延伸率≥ 30％），对基层收缩变形和开裂的适应能力强。

⑥ 高温不流淌，低温无裂纹（高温 70℃，低温－15℃），适应温度范围广。

三、施工做法及注意事项

本工程自粘卷材的施工方法主要分为预铺法、干铺法，下面将逐一进行介绍。

1. 预铺法

预铺法又称预铺反粘法，主要适用于地下室底板及其他适合空铺的部位。

（1）施工工具

平铲、工业吹风机、扫帚、钢卷尺、裁刀、压辊、油刷等。

（2）施工流程

基层处理→细部构造加强处理→弹基准线→铺设自粘卷材（胶面向上）→搭接卷材→节点密封胶处理→自检→成品保护→质量验收→揭除自粘卷材上表面隔离膜→浇注混凝土。

（3）施工说明

① 基层处理：用铁铲、扫帚等工具清除基层面上的施工垃圾，使基层基本平整，无明显突出部位，若有明水，则需扫除。

② 细部构造加强处理：对地下室底板阴阳角、后浇带、变形缝、桩头部位按照设计要求进行加强处理。

③ 弹基准线：按照施工部位的形状，适宜沿长度方向弹基准线，尽量减少卷材的搭接缝。

④ 铺设自粘卷材：先按基准线铺好第一幅卷材，再铺设第二幅，上下两层和相邻两幅卷材的接缝应错开 1/3～1/2 幅宽，且两层卷材不得相互垂直铺贴。铺贴卷材时，卷材不得用力拉伸，应随时注意与基准线对齐，以免出现偏差难以纠正。

⑤ 卷材搭接：第一幅卷材铺设完成后，首先揭开卷材搭接部位的隔离膜，将卷材采用搭接的方式，粘贴后，随即用胶辊用力辊压排出空气，使卷材搭接边粘结牢固。采用自粘搭

接的方式，卷材长边和短边搭接宽度不小于 80mm。

⑥ 节点密封胶处理：采用专用配套密封胶涂刷封口和端头。

⑦ 施工质量自检：自粘卷材有粘性一面应朝向主体结构；铺贴卷材应平整、顺直，搭接尺寸准确，不得扭曲、皱褶、翘边和鼓泡；卷材接缝及端头应用配套密封材料封严；检查所有自粘卷材面有无撕裂、刺穿，发现后应及时修补。

⑧ 成品保护：防水卷材铺贴完成后，自检无任何问题，应做好成品保护，其措施如下：做好标识，禁止人员在上面行走，尤其是穿硬底鞋人员；适当做好临时遮盖的措施。

2. 干铺法

干铺法主要适用于基层平整、干燥的平面和斜面防水工程。铺贴立面卷材防水层时，应采取防止卷材下滑的措施。

（1）施工工具

平铲、工业吹风机、扫帚、钢卷尺、裁刀、压辊、油化刷、电动搅拌器、滚刷等。

（2）施工流程

基层处理→涂刷基层处理剂→细部构造增强处理→试铺弹定位线→铺贴自粘卷材→挤压、辊压、排气、粘合→卷材搭接处密封胶处理→自检→成品保护→验收。

（3）施工说明

① 材料准备：夏季高温天气施工前，将材料浸泡于冷水中，以防止材料受热后隔离膜撕揭困难。

② 基层处理：确保基层坚硬、平整、清洁、不起砂、无空鼓。用水泥砂浆修补凹陷处，使基层含水率在 8% 以下，必要时用工业吹风机，将表面浮渣、浮灰吹净。

③ 涂刷基层处理剂：在验收合格的基层上，涂刷或者喷涂基层处理剂，处理剂涂刷（喷）应均匀，覆盖完全，不应露底；基层处理剂是一道防水层，又是一道密封孔隙防渗层，各企业提供的配套处理剂各不相同，有溶剂型（例如单组分或双组分聚氨酯防水涂料、溶剂型橡胶沥青防水涂料、SBS 改性沥青基基层处理剂等），有水乳型氯丁胶改性沥青防水涂料等，无论使用何种工具施工，都必须将处理剂涂刮均匀，不得漏涂。

④ 细部构造增强处理：在大面积铺贴前，对阴阳角、穿墙管等细部构造按照设计要求进行加强处理；并采用强力密封胶对穿墙管、管道、落水口周边进行密封处理。

⑤ 试弹定位线：在基层处理剂干燥后（一般以不粘手为准），按照施工部位的形状，沿长度方向弹线，尽量减少卷材的搭接缝。

⑥ 卷材铺贴：铺贴卷材按事先弹好的定位线进行；铺贴卷材时先将卷材展开，摆放在要做防水的部位，按照要求尺寸或预留部位裁剪后，再将卷材从端头回卷到卷材中间，然后从中间向两端剥开隔离膜，边撕揭隔离膜，边铺贴卷材，使卷材平整地铺贴在基层上；立面铺贴卷材，应由下往上推滚施工。

⑦ 挤压、辊压、排气、粘合：在铺贴卷材时，同时用压辊压实，使卷材从中间向两端排气，铺贴卷材时，要确保卷材长边搭接不小于 80mm。

⑧ 卷材搭接处密封胶处理：采用 ZJYCPS 多功能密封防水涂膜对卷材的搭接处进行封边。

3. 施工节点处理

（1）阴阳角、管根细部节点处理

① 平立面交接处、转折处、阴角、管根等均应做成均匀一致、平整光滑的圆角，圆弧半径不小于 50mm。

② 阴阳角、管根等热熔 SAM 卷材做加强处理，附加层宽度为 500mm，卷材在两面转角、三面阴阳角等部位进行增强处理，平立面平均展开。

③ 附加层处理方法是先按细部形状将卷材剪好，在细部视尺寸、形状，待附加层非固化防水涂料薄涂完毕，即可立即粘贴牢固。附加层要求无空鼓，并压实铺牢。

（2）地下室后浇带节点处理

① 在后浇带位置铺贴与大面同材质 SAM 卷材做附加层增强处理，附加层宽度大于等于后浇带两侧各 250mm。顶板后浇带如图 6-1-1 所示，侧墙后浇带如图 6-1-2 所示，底板后浇带如图 6-1-3 所示。

② 附加防水层应与基面满粘结。

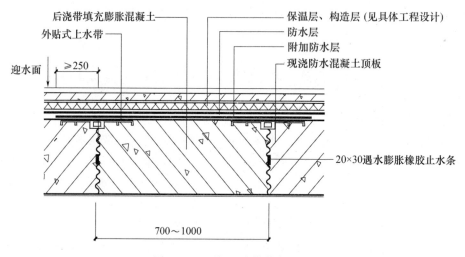

图 6-1-1　顶板后浇带节点处理

（3）地下室变形缝节点处理

① 施工前使用吹风机将变形缝内的杂质清理干净。

② 泡沫圆棒的直径不小于 50mm。

③ 变形缝附加层的宽度不小于 500mm，顶板变形缝如图 6-1-4 所示。

（5）施工质量要求

（1）SAM 卷材搭接边需满粘。

（2）错缝按规范要求。

（3）卷材与基面满粘结，不得出现空鼓现象。

（6）成品保护

（1）防水层施工完毕，经质量检查合格后，应及时按设计要求做保护层，保护层的要求参照相关规范。

（2）施工过程中下雨或下雪时，应做好已施工防水层的防护工作。

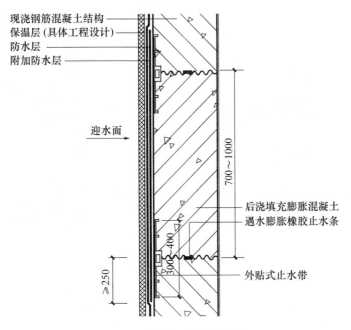

图 6-1-2　侧墙后浇带节点处理

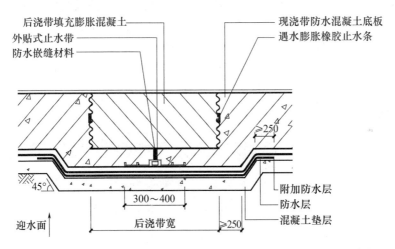

图 6-1-3　底板后浇带节点处理

（3）运送、放置施工机具和材料时，应在已施工的防水层上采取保护措施。

（4）操作人员应穿干净的软底鞋，施工过程中严禁穿钉鞋踩踏防水层。

4. 施工注意事项

（1）立面施工注意事项

① 垂直立面卷材与基层卷材必须满粘。

② 立面卷材收头，应先用金属压条固定或嵌入凹槽内，然后再用配套密封胶封闭。

③ 地下工程侧墙需要采用聚苯板等做软保护。

④ 地下室从地面折向立面的附加层卷材和永久性保护墙的接触部位应采用粘结铺贴，并要保留预留二期衔接部分的隔离膜；平立面交接处、转折处附加专用附加层卷材，底板自

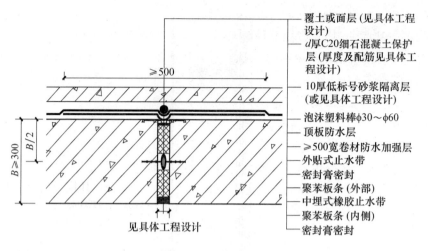

覆土或面层(见具体工程设计)

d厚C20细石混凝土保护层(厚度及配筋见具体工程设计)

10厚低标号砂浆隔离层(或见具体工程设计)

泡沫塑料棒$\phi30\sim\phi60$

顶板防水层

≥500宽卷材防水加强层

外贴式止水带

密封膏密封

聚苯板条(外部)

中埋式橡胶止水带

聚苯板条(内侧)

密封膏密封

≥500

B≥300

B/2

见具体工程设计

图 6-1-4 顶板变形缝

粘卷材与砖砌永久保护墙之间刷基层处理剂满粘施工,自粘卷材收口部位采用砖体进行临时固定,待立墙施工时拆除临时保护,与底板自粘卷材接茬宽度不小于 150mm。

（2）铺设卷材加强层注意事项

在特殊部位铺贴一层卷材加强层或增加一道与卷材相容的涂膜防水层时,聚酯胎体卷材厚度应不小于 3mm,无胎体卷材厚度不小于 1.5mm,涂膜加强层的厚度不小于 1mm,加强层宽度适宜为 300～500mm。

（3）配套产品注意事项

自粘卷材与配套产品材质必须相容,并且配套密封胶类产品必须同时具有同自粘卷材和混凝土基层良好的粘结效果。

第二节　长子县南北大街地下综合管廊施工案例

（强力交叉膜自粘做法）

北京远大洪雨防水工程有限公司

一、工程概况

长子县南北大街地下综合管廊项目,北起规划福源街路,南至鹿谷大街,全长 2050m,地下综合管廊为双仓支线型。项目由山西省城乡规划设计研究院设计,北京市政建设集团有限责任公司承建。根据相关规范要求和县城现状,管廊布置于路西非机动车道下,右侧断面宽 2.6m×2.95m,分布两条供热管线;左边为综合仓,断面宽 2.8m×2.95m,分布市政电力电缆、弱电光缆和供水管位,并设有预留管位。管廊内设吊装口、逃生口、进排风口、专用人员出入口和消防防火区域等。该项目投资预算 1.55 亿元,于 2016 年 10 月 19 日开工。

二、防水设计

我司针对地下管廊施工的特殊性,选用 1.5mm＋1.5mm 远大洪雨强力交叉膜自粘防水卷材（NRF-S613）进行防水施工。

结合对施工现场的勘察及对市场的调查、专家论证及以往的施工案例，1.5mm＋1.5mm强力交叉膜自粘防水卷材材料在施工工艺及性能上都非常符合地下管廊的施工防水要求，该材料是目前市场上比较符合地下管廊防水施工的材料。在保证施工质量的前提下，底板采用空铺反粘法，顶板及侧墙采用干铺法进行防水施工。

1. 材料简介

远大洪雨快速反应自粘强力交叉膜自粘防水卷材是由远大洪雨（唐山）防水材料有限公司以一种特制的交叉层压高密度聚乙烯（HDPE）强力薄膜与优质的高聚物自粘橡胶沥青经特殊工艺复合而成的具有高性能、冷施工的自粘复合膜防水卷材，其优异的尺寸稳定性、热稳定性、抗紫外线性能和双向耐撕裂性能成为地下防水工程的重要材料。

2. 产品特点

（1）强力双层叠加薄膜，具有更高的撕裂强度和尺寸稳定性，防水性能优于普通薄膜。

（2）纵横网状结构设计有效地解决了高分子薄膜施工后容易起皱起鼓的现象。

（3）耐高低温性能优异，能适应炎热和寒冷地区的气候变化。优异的延伸性和抗拉性能适应结构基层的变形。

（4）优异的自愈性能和局部锁水性能大大减少渗漏几率。

（5）有独特的抗穿刺性、自愈性和持续的抗撕裂性能，钉杆水密优异。

（6）实现更安全的干铺密封性能。

三、管廊底板强力交叉膜自粘防水卷材施工

1. 施工准备

（1）构造做法（表 6-2-1）

表 6-2-1　管廊底板防水构造做法

防水部位		防水构造
明挖部位	底板	➢ 混凝土垫层 ➢ 1.5mm＋1.5mm NRF-S613 自粘防水卷材（空铺反粘） ➢ 钢筋混凝土结构底板 ➢ 中埋式止水带
	侧墙	➢ 50mm 厚聚苯乙烯泡沫板保护层 ➢ 1.5mm＋1.5mmNRF-S613 自粘防水卷材（干铺） ➢ 基层处理剂 ➢ 钢筋混凝土侧墙 ➢ 中埋式止水带
	顶板	➢ 50 厚 C20 细石混凝土保护层 ➢ 1.5mm＋1.5mmNRF-S613 自粘防水卷材（干铺） ➢ 基层处理剂 ➢ 钢筋混凝土顶板 ➢ 中埋式止水带

（2）材料准备

① 进场材料应在阴凉通风处存放，卷材宜立放，高温、雨天应做好遮盖保护工作。

② 材料进场时提供产品合格证、产品出场检测报告，同时进行现场三方（建设单位或总包单位、监理单位、施工单位）见证取样，检测合格的材料方可使用。

（3）基层要求

底板保持坚固、无明水，施工前应将基层上的尘土、砂粒、碎石、杂物、工具及砂浆疙瘩清除干净。

（4）现场技术交底

① 防水施工前，由现场施工管控工程师或区域负责人对施工人员讲解施工管控要点并明确各项要求在防水中起到的作用。

施工管控要点：基层清理；附加增强层处理；辊压、排气、压实；节点处理。

② 结合图纸及施工方案，明确防水施工后浇带、变形缝等部位细部做法。

③ 配备专业的现场技术人员、专业施工指导。

2. 施工工艺流程

（1）施工工艺流程

基层清理及修补→节点附加增强层处理→定位、试铺→空铺自粘卷材→辊压、排气、压实→粘贴接缝口→接缝口、末端收头、节点密封→检查验收（底板揭卷材面层隔离纸，面撒素水泥粉）。

（2）操作要点及技术要求

① 基层清理：用铁铲、扫帚等工具清除基层上的施工垃圾，若有明水，则需扫除。

② 节点部位加强处理：针对地下室底板阴阳角、后浇带、变形缝部位进行加强处理。

③ 铺贴卷材：先按基准线铺好第一幅卷材，再铺设第二幅，然后揭开两幅卷材搭接部位的隔离膜，将卷材搭接。铺贴卷材时，卷材不得用力拉伸，应随时注意与基准线对齐，以免出现偏差难以纠正。

④ 卷材连接：采用搭接的方式，粘贴后，随即用胶辊用力辊压排出空气，使卷材搭接边粘结牢固。采用自粘搭接的方式，卷材长、短边搭接宽度不小于 80mm。

⑤ 将自粘防水卷材上表面隔离膜揭除干净，为防止卷材粘脚，可在卷材上撒水泥作为保护措施。

⑥ 在卷材的自粘面上浇注混凝土，卷材与混凝土形成反应自粘效果。浇注混凝土时的水泥浆与卷材粘结层特殊的高分子聚合物湿固化反应粘结。粘结强度随混凝土抗压强度增加而增强，混凝土达到初凝时，卷材的粘结层已与混凝土面层完全固化反应并溶合成一个新的防水层。

⑦ 缺陷修复

自粘卷材的自粘面受到灰尘污染后，会部分失去自粘结性能，表现为搭接封、收口部位局部翘边、开口等现象。工程中一旦出现上述情况，必须及时进行修复，修复方法为采用热风焊枪，将热风焊嘴伸入翘边、开口内部，利用热风将自粘橡胶沥青加热融化，然后粘合。

⑧ 检查验收冷自粘卷材

铺贴时边铺边检查，检查时用螺丝刀检查接口，发现粘贴不实之处及时修补，不得留任何隐患，现场施工员、质检员必须跟班检查，检查并经验收合格后方可进行下道工序施工。

（3）自粘卷材搭接

平面施工时，卷材搭接宽度为80mm。将卷材搭接边处隔离膜揭除，再用小压辊等压实粘牢。相邻两排卷材的短边接头应错开500mm，以免多层接头重叠而使卷材贴铺不平。

（4）自粘卷材搭接缝

自粘卷材与卷材之间，必须满粘并粘结紧密。自粘卷材搭接缝必须满粘粘实，必要时采用手持压辊进行压缝处理。

搭接缝的粘结：自粘卷材搭接缝的粘结，采用专用压辊在上层卷材的顶面均匀用力施压，以边缘呈密实粘合为准。必要时采用专用压辊二次压边。

（5）附加层的设置

在平立面交接处、转折处、阴阳角、管根等部位应设置自粘卷材附加增强层，一般情况下采用与大面自粘卷材同材质的专用附加层卷材，宽度500mm。特殊部位附加自粘卷材则需现场按要求进行裁剪。

阴阳角（此处的阴阳角专指三维交叉部位）在防水层施工中数量诸多，也是防水层薄弱的部位之一。该处的通常做法是由施工作业人员按照图6-2-1方式现场裁剪和安装。

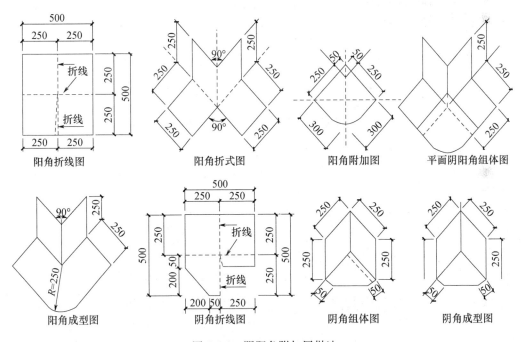

图6-2-1　阴阳角附加层做法

（6）底板与外墙交接处防水做法

地下室从底面折向立面的附加层卷材与永久性保护墙的接触部位采用粘结铺贴；但应注意保留预留衔接部分的隔离膜。

平立面交接处、转折处附加专用附加层卷材，底板自粘卷材与砖砌永久保护墙之间刷油满粘施工，自粘卷材收口部位采用砖体进行临时固定，待立墙施工时拆除临时保护，与底板自粘卷材接茬宽度不小于80mm。

3. 节点处理

（1）节点大样图

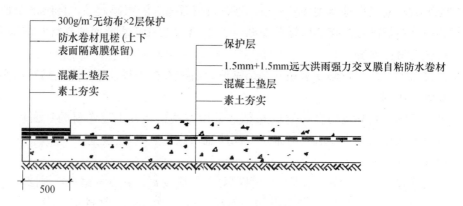

图 6-2-2 管廊底板防水构造

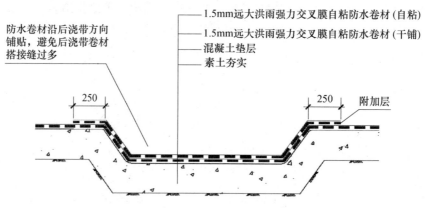

图 6-2-3 底板后浇带防水做法

（2）顶板变形缝做法

顶板变形缝做法说明：防水层施工完毕后，在变形缝位置施工防水附加层，附加层采用 1.5mm。

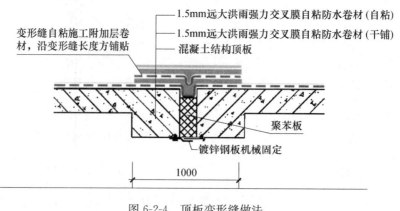

图 6-2-4 顶板变形缝做法

（3）侧墙变形缝附加层施工

大面防水层干铺施工至变形缝两侧边缘处收头（侧墙变形缝做法）。

揭除变形缝收头两侧卷材表面约150mm范围隔离膜，紧贴墙面卷材缓缓向下同时用刮板均匀刮涂于揭除隔离膜的卷材表面，裁剪宽0.3m、长1.5m卷材（卷材裁剪过长会增加施工难度），揭除卷材一侧隔离膜，粘贴于涂刮好基层处理剂的表面（卷材边缘处有非固化涂料），边粘贴边将空气排出，缝内卷材U形设置预留变形量（侧墙变形缝做法）。

（4）地下侧墙防水节点构造（图6-2-5、图6-2-6）

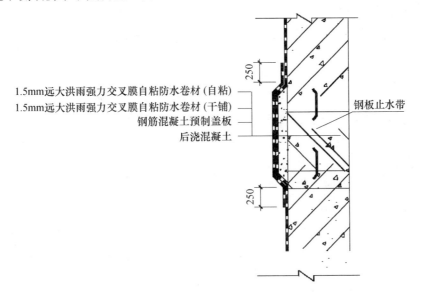

图6-2-5　套管穿墙防水做法

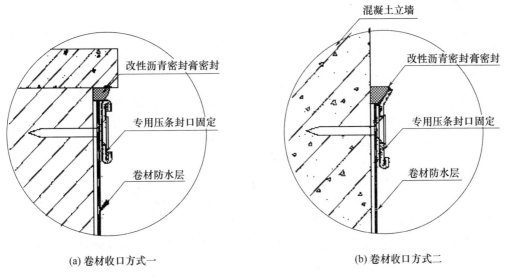

(a) 卷材收口方式一　　　　　　　　(b) 卷材收口方式二

图6-2-6　机械固定法样图

第三节 太原市晋源东区综合管廊工程案例

（高分子自粘胶膜复合做法）
科顺防水科技股份有限公司

一、项目简介

该项目位于太原市晋源东区，包括古城大街、实验路、纬三路、经二路、经三路 5 条综合管廊，总长度为 10.15km。

主要建设内容为：管廊主体工程、机电设备安装工程、控制中心 1 座（规划用地 2000m²，建筑面积 1000m²），工程总投资额约为 106600 万元。

二、工程特点

本工程为山西省第一条综合管廊项目，在古城大街等路段开工建设。入廊管线包括给水、再生水、热力、燃气、电力、雨水、污水、电信，总长度 10.405km。

管廊采用分仓设计，不同类型管道互不干涉，天然气仓宽度在 1.8m 以上，最宽的综合仓宽度 4.8m 以上，可确保维修车辆进出作业。管廊借鉴国际先进经验，合理规划利用城市地下空间，使之更加集约化。

本工程防水材料采用柔韧性好、能与结构层达到满粘的合成高分子自粘胶膜防水卷材。合成高分子自粘胶膜防水卷材主要以干铺法为主，在合理的基面上涂刷一层基层处理剂，待完全凝固后再在上面铺贴自粘卷材，卷材靠自粘胶层与基层粘结，无需明火施工，施工简便。本工程侧墙和顶板采用干铺法施工，因地下底板由于地基不均匀沉降及地下水分较多，基面比较潮湿无法采用干铺法施工，因此，根据现场情况与甲方、设计单位沟通后底板采用空铺法施工，即将卷材的自粘胶层面向结构层，撕掉隔离膜，在自粘胶层上面直接浇注保护层，使卷材与结构牢牢粘结在一起，既能减小不均匀沉降对防水层的影响又能使卷材与主体结构形成满粘的不窜水层，种植顶板的底层卷材选择柔韧性较好的双面合成高分子自粘胶膜防水卷材，上部选用耐根穿刺防水卷材，既能保证防水层与结构层达到一个满粘的效果，又能保证植物根系不会对防水层造成破坏。

三、防水设计及材料介绍

1. 防水设计做法

本工程防水等级为一级，主体结构采用 C40P8 抗渗混凝土，主体结构外部采用 1.5mm 厚合成高分子自粘胶膜防水卷材两道；施工缝及变形缝处予以加强；变形缝处加设中埋式止水带、填缝材料和嵌缝密封材料等止水材料；穿墙管道预留洞、模板穿墙螺栓、转角、坑槽等地下工程防水薄弱处均按照《地下工程防水技术规范》GB 50108—2008 有关规定执行。主要细部节点构造如图 6-3-1～图 6-3-4 所示。

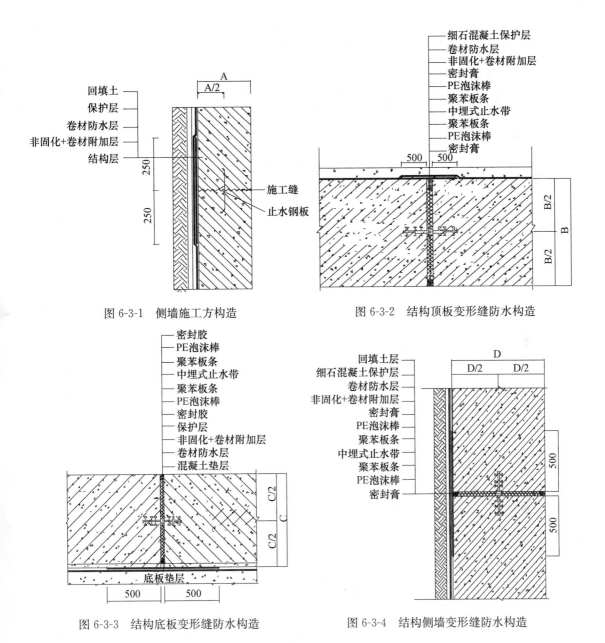

图 6-3-1 侧墙施工方构造

图 6-3-2 结构顶板变形缝防水构造

图 6-3-3 结构底板变形缝防水构造

图 6-3-4 结构侧墙变形缝防水构造

2. 材料

APF-3000 压敏反应型自粘高分子防水卷材是科顺公司自主研发的专利产品，是一种通过特殊工艺复合而成的高性能防水卷材。强力双层叠加薄膜加纵横网状结构设计，使其具有抗撕裂强、尺寸稳定等特点。

四、施工工艺介绍

1. 干铺法施工工艺

（1）干铺基层要求

① 基层表面应坚实、平整、干净，无空鼓、松动、起砂、麻面、钢筋头等缺陷；

② 基面要求干燥，含水率小于 9%（剪一块 1m² 的防水卷材平铺在地上，并用胶带将四边密闭，2h 后揭开卷材观察基层颜色是否变深以及卷材表面是否有水印，没有则满足小于 9%含水率要求）；

③ 阴阳转角、管根等节点处用水泥砂浆抹成圆弧形。

（2）干铺施工流程

基层清理→涂刷基层处理剂→特殊部位处理→铺设第一层 1.5mm APF-3000 防水卷材→铺设第二层 1.5mm APF-3000 防水卷材→卷材接缝搭接→固定、压边→密封材料封边→组织验收→保护层施工。

（3）干铺法具体操作

① 人员分工：干铺施工时建议 3 人一组为宜，两人铺贴卷材，一人辊压排气、检查；

② 涂刷基层处理剂：将基层处理剂倒在基层上，用毛刷或滚筒将基层处理剂均匀涂刷在基层上，以均匀覆盖基层不露底、不堆积为宜；

③ 卷材弹线预铺：按照施工地块形状及卷材的规格弹好基准线，将卷材展开，自粘面朝向基层，从两端拉紧卷材使其平顺，对照基准线校正卷材位置，然后从两端向中间将卷材收卷，准备铺贴；

④ 节点处理：大面积铺设卷材前，需对基层的阴阳角，管道根部、水落口等节点进行细部增强处理；

⑤ 第一幅卷材铺贴：将卷材隔离膜用裁纸刀轻轻划开，注意不要划伤压敏反应胶，将隔离膜揭起，隔离膜与卷材呈 30°角为宜，边揭隔离膜同时滚铺卷材，直至卷材铺贴完成；

⑥ 铺贴卷材的同时，另一工人用压辊从垂直卷材长边一侧向另一侧辊压排气，使卷材与基层充分贴合，在压辊压力作用下，压敏胶产生强大粘合力使卷材与基面贴牢；

⑦ 第二幅卷材铺贴：第二幅卷材铺贴时，先将卷材预铺并与第一幅卷材的搭接指导线重合，保证搭接宽度不小于 80mm，然后将卷材从两端向中间卷起，将卷材隔离膜用裁纸刀轻轻划开，注意不要划伤压敏反应胶，将隔离膜揭起，隔离膜与卷材呈 30°角为宜，边揭隔离膜边同时滚铺卷材，直至卷材铺贴完成；

⑧ 卷材长边搭接：将第一幅卷材的搭接边隔离膜顺铺贴方向揭去，保证搭接处干净没有灰尘，将第二幅卷材盖住第一幅卷材的搭接边，用压辊压实卷材搭接边，排出搭接边的气泡，紧密压实粘牢，长边搭接宽度不小于 80mm，为保证防水层质量，在基层潮湿或施工环境温度较低时，可对卷材搭接边采用适当加热措施处理，以保证搭接缝严密牢靠；

⑨ 卷材搭接：卷材短边搭接宽度 80mm，可采用自粘搭接；

⑩ 防水层隐蔽前，检查 APF-3000 防水卷材防水层，发现防水层存在破损时，应采取措施及时进行修补：将破损处卷材清理干净，并将周边大于破损处 100mm 的 APF-3000 防水卷材粘牢，再用密封膏沿周边密封；

⑪ 第二层卷材的铺贴：（铺贴第二层卷材时，上层卷材应与下层卷材接缝错开 1/3～1/2 幅宽，且两层卷材不得相互垂直铺贴）应边铺设卷材边辊压卷材，以排除卷材下表面的空气。重复上述操作，直至铺设作业完成。

（4）干铺法施工注意事项

① 基层要达到含水率小于 9％要求才能涂刷基层处理剂；

② 基层处理剂表干后才能铺贴卷材；

③ 气温过高隔离纸难撕下时，可在卷材表面洒水降温后再撕。

2. 空铺法施工工艺

（1）空铺法基层要求

① 基层表面应清理干净并平整，无明显突出物；

② 施工时基面不得有明水，如有积水部位，则需进行排水后方可施工；

③ 各种预埋件、配件已安装完毕，固定牢固。

（2）空铺施工流程

基层清理→铺贴加强层→卷材定位→面向结构铺设第一层 1.5mm APF-3000 防水卷材→面向结构铺设第二层 1.5mm APF-3000 防水卷材→检查、验收→撕去隔离膜→保护层施工。

（3）空铺法具体操作

① 人员分工：空铺施工时建议 3 人一组为宜，两人铺贴卷材，一人辊压排气、检查；

② 卷材弹线预铺：按照施工地块形状及卷材的规格弹好基准线，将卷材展开，自粘面朝向结构，从两端拉紧卷材使其平顺，对照基准线校正卷材位置，然后从两端向中间将卷材收卷，准备铺贴；

③ 节点处理：大面积铺设卷材前，需对基层的阴阳角，管道根部、水落口等节点进行细部增强处理；

④ 第一幅卷材铺贴：将卷材按预铺位置平铺在基层上，自粘胶层面向结构层；

⑤ 第二幅卷材铺贴：先将卷材预铺并与第一幅卷材的搭接指导线重合，保证搭接宽度不小于 80mm；

⑥ 卷材长边搭接：将第一幅卷材的搭接边隔离膜顺铺贴方向揭去，保证搭接处干净没有灰尘，将第二幅卷材盖住第一幅卷材的搭接边，用压辊压实卷材搭接边，排出搭接边的气泡，紧密压实粘牢，长边搭接宽度不小于 80mm，为保证防水层质量，在基层潮湿或施工环境温度较低时，可对卷材搭接边采用适当加热措施处理，以保证搭接缝严密牢靠；

⑦ 卷材搭接：卷材短边搭接宽度 80mm，可采用双面自粘卷材搭接；

⑧ 第二层卷材的铺贴：铺贴第二层卷材，上层卷材应与下层卷材接缝错开 1/3～1/2 幅宽，且两层卷材不得相互垂直铺贴，第二层卷材应为双面自粘卷材，一边铺设一边撕隔离膜，将上下两层卷材的自粘胶层粘结在一起，边铺设卷材边辊压卷材，以排除卷材下表面的空气；重复上述操作，直至铺设作业完成；

⑨ 防水层隐蔽前，检查 APF-3000 防水卷材防水层，发现防水层存在破损时，应采取措施及时进行修补：将破损处卷材周边大于破损处 100mm 的隔离膜用裁纸刀轻轻划开，注意不要划伤压敏反应胶，将隔离膜揭起，再用相同面积的双面卷材修补；

⑩ 检查修补完毕，将所有卷材隔离膜撕掉，浇注混凝土保护层。

第四节　新疆乌鲁木齐新医路西延综合管廊防水工程案例

（弹性体（SBS）改性沥青防水卷材做法）
唐山德生防水股份有限公司

一、工程概况

新医路是连接乌鲁木齐东西方向的重要交通道路，是促进乌鲁木齐发展、解决乌鲁木齐东西方向交通瓶颈的重要通道。乌鲁木齐市新医路西延（卫星路－青建路）综合管廊工程位于乌鲁木齐经济技术开发区（头屯河区），是高铁片区现状综合管廊系统向南部辐射的重要线路，采用现浇混凝土结构类型。纳入该综合管廊的管线有：给水管道、热力管道、电信线缆、电力线缆、污水管道、燃气管道、绿化给水管道共计 7 种管线。项目总投资额约为38840 万元。

二、防水设计原则

根据《城市综合管廊工程技术规范》GB 50838—2015 标准的规定，综合管廊工程的结构设计使用年限为 100 年。综合管廊应根据气候条件、水文地质状况、结构特点、施工方法和使用条件等因素进行防水设计，防水等级标准应为二级，并应满足结构的安全性、耐久性和使用要求。

三、防水设计方案

为保证防水效果，防水材料应选用适用范围广、施工成熟可靠的 SBS 改性沥青防水卷材，此项目工程设计施工方案为 4mm 厚 SBS 改性沥青防水卷材，采用热熔法施工。SBS 改性沥青防水卷材具备优良的耐热性、低温柔性，根据不同的环境一年四季均可使用。主要材料性能符合《弹性体沥青防水卷材》GB 18242 的规定。

除管廊主体结构采用 SBS 改性沥青防水卷材外，施工缝等其他重要细部节点部位选用中埋式止水带、外贴式止水带、防水涂料、卷材附加层等防水措施。

四、防水施工工艺

1. 基层处理
防水施工前若基层表面有垃圾、泥砂等杂物，用笤帚清扫干净。保证防水基面坚实、平整、干燥，不得有浮浆、凹凸不平等缺陷。

2. 喷涂基层处理剂
将基层处理剂均匀地喷涂在防水基面上，喷涂时要均匀，不得有空白、麻点，遵循先立面后平面，先远后近的原则，基层处理剂应充分干燥后方可进行下一步施工。

3. 弹线定位
根据施工位置确定卷材的铺贴方向，按照卷材搭接宽度 100mm 弹基准线。该基准线作为卷材铺设的控制依据。

4. 加强层施工

在阴阳角、伸缩缝等部位铺贴 SBS 卷材作为加强层。阴阳角加强层宽度为 500mm。

5. 防水层施工

（1）根据基面情况先对卷材进行预铺，卷材长短边搭接宽度为 100mm，确保卷材铺设顺直。施工时，因卷材存在应力，在卷材铺设前 15min 将卷材开卷、平铺，以便于卷材应力得到释放。卷材长边与短边三面卷材搭接处应做裁角处理，为防止搭接部位厚度过大，应对第二层卷材进行裁角处理，沿着搭接的直角裁剪成两边 100mm 的等腰直角三角形，然后将卷材从两头向中间卷起。

（2）火焰加热器的喷嘴距卷材面的距离应适中，300mm 为宜，幅宽内加热应均匀，应以卷材表面熔融至光亮为度，不得过分加热卷材（卷材加热期间严禁人员踩在卷材上操作，卷材整个热熔过程操作人员均以倒退方式施工）。

（3）卷材搭接边单独采用火焰加热器进行热熔处理，搭接缝部位宜以溢出热熔的改性沥青胶结料为度，溢出的改性沥青胶结料宽度宜为 8mm，并宜均匀顺直。

（4）同一层相邻两幅卷材短边搭接缝错开不应小于 500mm。

6. 细部处理

（1）底板垫层阴阳角、三面交角部位防水处理

三面交角是结构变形敏感部位，应重点处理。导墙上预留翻边转角处热熔铺贴 200mm 宽×300mm 长 SBS 卷材条。下面阴阳角结合部位，做 150mm×80mm 角撑板以补点方式加强。

（2）侧墙施工缝处理

在侧墙施工缝处结构 $B/2$ 位置预先设置中埋止水带，结构表面设置外贴止水带。侧墙施工缝处需增设 500mm 宽 SBS 改性沥青防水卷材附加层，如图 6-4-1 所示。

（3）穿墙管防水处理

穿墙管是地下渗漏最严重的部位之一，固定式穿墙管应加焊止水环，并提前做好防腐处理。为保证防水的可靠性，先在管根部位涂刷聚氨酯防水涂料，管壁和管根周围均涂刷 150mm，然后铺设 SBS 改性沥青防水卷材防水层及加强层。

（4）顶板变形缝处理

在顶板变形缝处结构 $B/2$ 位置预先设置中埋止水带，在变形缝内、中埋止水带内外侧分别填充聚苯板条并用密封膏密封，顶板变形缝结构表面设置外贴止水带。顶板变形缝处需增设 1000mm 宽 SBS 改性沥青防水卷材附加层，如图 6-4-2 所示。

7. 施工注意事项

（1）施工时，因卷材存在应力，在卷材铺设前 15min 将卷材开卷、平铺以便于卷材应力得到释放。

（2）卷材在阴阳角、转角等部位铺贴时，保证相邻卷材松紧度一致，以免搭接边撕裂造成漏水隐患。

（3）工程竣工验收后，应有专人负责维护管理，严禁验收后破坏防水层。

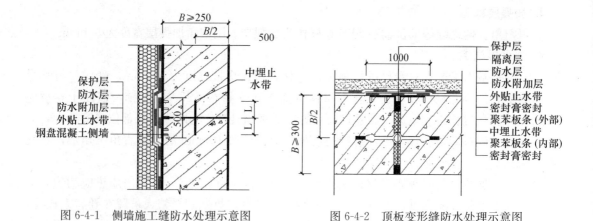

图 6-4-1　侧墙施工缝防水处理示意图　　　图 6-4-2　顶板变形缝防水处理示意图

第五节　苏州城北路综合管廊防水工程案例

（反应性丁基橡胶自粘防水卷材复合做法）
常熟市三恒建材有限责任公司

一、工程概况

苏州城北路城市综合管廊工程位于苏州市城北路，主线规划全长 13.16km，支线共计 5.97km，目前开工的一期工程（金政街－江月路）共分为三个标段，一标段主管廊长度约 2171m，主要断面尺寸为 8.45m×4.8m；二标段主管廊长度约 1554m，主要断面尺寸为 8.45m×4.8m，深约 17m；三标段主管廊长度约 1420m，主要断面尺寸为 9.70m×4.8m，深约 17m。项目设计单位为苏州市市政设计研究院，建设单位为苏州城市地下综合管廊开发有限公司，监理单位为苏州建设监理有限责任公司。

二、防水设计

1. 设防要求及选材

该项目为明挖法现浇混凝土地下综合管廊工程，由于该地区地下水位较高，地下结构部分较深，为达到较好的防水效果，根据设计要求在混凝土结构自防水的前提下，在结构外增设一道柔性防水层，从而达到 I 级防水的设防要求。底板和侧墙柔性防水层采用 1.2mm 厚高分子自粘胶膜防水卷材，采取预铺反粘法施工，顶板采用 2.0mm 厚单组分聚氨酯防水涂料。常熟市三恒建材有限责任公司中标的是第三标段，防水面积暂定为 80000m²。

2. 基础底板和侧墙部分材料

（1）材料

反应型丁基橡胶自粘防水卷材（以下简称 PEBS 自粘卷材），为非沥青基高分子自粘胶膜防水卷材，是由面层主防水层、丁基橡胶自粘胶膜层和特殊性能要求的颗粒防粘层组成的一种具有功能性的防水材料，其主防水层（面层）采用多种聚烯烃树脂共混和多层共挤的工艺技术而制成，为防水层提供高强度和高抗冲性，为新一代绿色建筑环保防水材料。

（2）产品特性

① 反应性

PEBS 自粘卷材的自粘层具有超强的压敏性和化学反应性，能与混凝土基层形成吸盘效应。

② 自愈密封性、高蠕变性。

③ 超强的耐气候老化、耐臭氧、耐紫外线，具有优异的耐化学腐蚀性。

④ 优异的耐高、低温性，耐热性达 100℃ 以上，丁基自粘层不流淌，耐低温性达 −35℃。

（3）产品性能

卷材执行标准为《预铺/湿铺防水卷材》GB/T 23457（预铺 P 类）。

3. 顶板涂料

（1）产品

单组分聚氨酯防水涂料。

（2）产品性能

该产品技术指标执行标准为 GB/T 19250—2013。

（3）产品特点

① 单一组分，现场即开即用；涂膜具有橡胶特性，弹性优异、高强度、高延伸性；

② 卓越的耐低温性能，可达 −50℃ 以上；

③ 可厚涂、涂膜密实，无针孔、无气泡；

④ 环保性能好，现场使用不添加溶剂。

三、结构外柔性防水层施工

1. 施工准备

（1）材料准备

符合本工程设计要求的高分子自粘胶膜防水卷材（包括系统配套的辅助材料）和单组分聚氨酯防水涂料及相关施工机具。

（2）技术准备

熟悉图纸上各部位的技术要求，材料施工前对操作人员进行技术、安全交底等。

2. 本项目的施工技术要点

由于本项目处于城市繁华的主干道，边坡采用垂直开挖方式，支护结构为咬合桩，两侧支护结构上渗水量非常大，面对如此复杂的施工环境，经与总包、设计、监理等单位多次沟通，底板和侧墙采取预铺反粘法施工，这样施工的优点为：

（1）通过预铺反粘施工，才能实现防水层和结构层有效融合，丁基橡胶自粘层中的活性物质与现浇混凝土中的氢氧化钙反应生成水合硅酸钙凝胶咬合在一起，形成化学键结合，在水泥终凝后达到与混凝土满粘的"皮肤式"效果，从而消除了传统卷材施工后渗漏出现窜水的现象。

（2）侧墙同样采取预铺反粘施工，既满足了底板和侧墙材料的一致性，也消除了底板与侧墙交界连接处渗漏的隐患，实现了底板和侧墙的防水系统的有效封闭（图 6-5-1）。

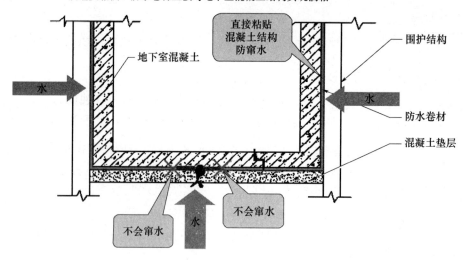

预铺反粘法：防水卷材直接与地下室混凝土结构实现满粘

图 6-5-1　底板和侧墙预铺反粘

3. 底板卷材预铺施工

（1）工艺流程

清理垫层→弹线定位 → 预铺（空铺）PEBS 自粘卷材（带砂自粘层朝上）→卷材搭接处理→自检→验收→绑扎钢筋→浇注混凝土。

（2）基层要求及施工条件

卷材施工前，须对前项工程进行质量验收，合格后方可施工；在施工过程中应逐道工序进行质量验收。

垫层表面应平整，没有明水，达到能上人操作的硬度即可施工防水层。

（3）操作规程

① 在垫层上弹好基准线并排好尺寸，按照标记线把第一幅卷材定位空铺于垫层上，自粘卷材的面层朝向垫层，带砂自粘层朝上。

② 第一幅卷材铺贴好后，沿着标记线铺贴第二幅卷材，按以上铺贴的施工方法施工，直至完成整个操作面的铺贴工程。

③ 对准标记线，边铺卷材边作卷材搭接粘贴，卷材的长边、短边搭接宽度均为 100mm。长边搭接施工方法为：直接揭掉预留长边搭接处的隔离膜，随后用金属压辊将接缝压实；短边搭接采用系统配套的双面丁基自粘卷材搭接。注意长短边搭接处保持干净、干燥、无灰尘。

④ 经自检合格后即可报监理、总包等单位验收，合格后方可进行绑扎钢筋、浇注结构混凝土等下一道工序的施工。

4. 侧墙卷材预铺施工

（1）工艺流程

围护结构立面基层找平、检查、清理→基面弹线、定位→机械固定铺设预铺卷材→卷材搭接处理→细部节点处理→自检、修补、验收→绑扎钢筋→浇注侧墙混凝土。

（2）基层要求及施工条件

① 侧墙围护结构基层，其表面应用水泥砂浆进行找平处理，平整度不符合要求时，应

采用 1∶2.5 的水泥砂浆填充抹平，在基层混凝土未完全硬化前，应将基层表面突出的石子等尖锐物、突出物清除。

② 卷材施工前，须对前项工程进行质量验收，合格后方可施工；在施工过程中应逐道工序进行质量验收。

（3）操作规程

① 先将卷材按弹线位置对准围护结构墙的基层，卷材面层面向永久性围护结构，丁基自粘层面向结构混凝土墙。

② 采用机械固定方式把卷材固定于围护结构墙支撑面上，钉固位置在距卷材长向预留自粘边外边缘 5mm 处。根据现场实际，可在卷材长向搭接边每隔 500mm 左右进行机械固定。

③ 施工时，撕去预留搭接表面的隔离膜，进行长边搭接，同时确保所有钉固点被相邻卷材的搭接边覆盖，搭接后应立即用压辊辊压，以确保密封粘牢。

④ 对于卷材的短边搭接边，应根据现场情况，每隔 500mm 左右对卷材进行机械固定，钉固位置距卷材外边缘 5mm。钉固完成后撕开隔离膜进行搭接处理，用金属压辊进行辊压，并确保所有钉固点被下幅卷材的搭接边覆盖。

⑤ 经自检合格后即可报监理、总包等单位验收，合格后方可进行绑扎钢筋、浇注结构混凝土等。

5. 顶板聚氨酯涂料施工

（1）经设计、业主、监理、总包等单位确定，本项目顶板防水层采用一道 2.0mm 厚单组分聚氨酯防水涂料设防。

（2）作业条件

① 防水基层表面应平整、光滑，干燥。达到设计强度，不得有空鼓、开裂、起砂、脱皮等缺陷。

② 基层表面如有残留的砂浆硬块及突出部分，应铲除干净。阴阳角等部位应做成圆弧或钝角，并将尘土、杂物清理干净。在涂刷防水涂膜前，应进行基层隐蔽工程检查验收。

③ 整个防水基层应干燥，如有潮湿、漏水现象应用密封材料密封好。

④ 防水施工严禁在雨雪天进行，五级大风以上严禁施工，施工环境温度不低于零度。

⑤ 防水涂料应现场抽检合格，施工队伍有相应的资质证书，主要操作人员有岗位证书等方可进行防水施工。

（3）施工工艺

① 工艺流程

清理基层→第一遍涂膜防水层→第二遍涂膜防水层→第三、四遍涂膜防水层→防水保护层→验收。

② 操作规程

清理基层：在涂刷防水涂膜之前，将防水基层清理干净，做到基层表面应平整无明水，无孔洞、裂缝。

第一遍防水涂膜施工：把单组分聚氨酯涂膜倒在基层上，用塑料或橡胶刮板均匀的涂刷，要求厚薄一致，不得有漏刷、堆积、鼓包等缺陷，用料以每平方米 0.6～0.8kg 为宜。

第二遍防水涂膜施工：在第一遍涂膜固化的基层上，进行第二遍涂膜防水涂刷，涂刷方向与第一遍涂刷方向垂直，涂刷方法及注意事项与第一遍相同，材料用量也与第一遍相同。

第三、四遍涂膜施工：每遍间隔时间不小于24h，防水涂料涂刷方法与前一遍相同，涂刷方向应彼此互相垂直。顶板防水层经过多遍涂刷单组分聚氨酯，总厚度应大于等于2.0mm。

③ 经自检合格后即可报监理、总包等单位验收，验收合格后方可进行下道工序施工。

④ 单组分聚氨酯涂层完工后，及时做好保护层。

第六节　三亚市海棠湾海榆东线地下综合管廊防水工程案例

（反应粘结型高分子湿铺防水卷材做法）

广西金雨伞防水装饰有限公司

一、工程概况

依据住房城乡建设部制定的《三亚市"双修""双城"规划发展目标》，三亚作为全国首个"城市修补、生态修复"试点城市，也是目前唯一同时获得海绵城市和综合管廊建设综合试点的地级市，三亚市积极推进综合管廊规划建设，把海榆东线道路（藤桥西河段至海岸大道路口段）改造工程作为试点，建设一条混合型综合管廊，将电力、通信、给水、中水、原水连接管等五种管线放入综合管廊内。根据设计要求，三亚市海棠湾海榆东线地下综合管廊项目全程采用明挖现浇法施工，综合管廊总长度约为7.7km，宽5.45m，高5m，工程总面积约为16万m^2，总防水面积约为25万m^2，预定建设工期为两年，作为国内第一批探索综合管廊的试验段和国家重点工程项目，对整个地下综合管廊建设质量都有较高要求。

二、材料及特点

1. 材料特点分析

（1）能跟混凝土反应粘结，长在一起，形成一层牢固不可逆的界面密封反应层（类似涂料层），起到涂料和卷材防水的双重功效，杜绝窜水现象发生。

（2）兼具SBS、APP、自粘卷材耐高低温、蠕变抗裂、抗老化等优异性能。

（3）采用湿铺法在潮湿环境下施工，适应赶工期的需要。

2. "CPS反应粘"专利技术

通过化学反应交联与物理卯榫的协同作用（Chemical Bonding and Physical Crosslinking Synergism，简称CPS），与混凝土之间形成"互穿网络式"界面结构，从而达到结合紧密、牢固、不可逆的骨肉相连粘结效果。

"CPS反应粘"卷材特点：

（1）通过顶板和侧墙湿铺、底板空铺反粘两种工法与水泥、混凝土反应粘结，潮湿基面、不平整基面、有粉尘基面可以满粘不窜水。

（2）卷材与基面间形成化学键，粘结强度大于内聚力，不空鼓。

（3）因化学键的存在：粘结强度不受紫外线照射、酸碱腐蚀、温度变化、湿气循环、结构运动等因素影响而下降，保证了防水效果的持久性。

（4）同步于混凝土/水泥反应粘结，不空鼓。

（5）因"GPS 反应粘"卷材与混凝土基面形成了致密的界面层，使 CPS 反应粘卷材具有卷材与涂料的双重功效。

3. 应用于管廊种植顶板的常规耐根穿刺防水材料

传统耐根穿刺防水卷材，按其阻根原理分物理阻根和化学阻根防水卷材。

物理阻根防水卷材：材料本身具有阻止植物根系穿透的功能，如高分子片材：HDPE、EVA、TPO、PVC；金属"板"：铜箔、不锈钢箔等。

化学阻根防水卷材：材料本身不具备阻根功能，添加具有高效阻根功能的化学成分后，使制成的防水卷材具有阻根功能，如 SBS 阻根剂改性沥青防水卷材。

三、施工准备

防水主材："西牛皮"牌 1.5mm 厚 CPS-CL 反应粘型高分子湿铺防水卷材；"西牛皮"牌 1.5mm 厚 CPS-CL 反应粘型高分子湿铺防水卷材（阻根型）。

防水辅材："西牛皮"牌 CPS 防水密封膏，普通硅酸盐水泥 P.O 42.5。

四、管廊各部位防水施工做法

1. 管廊底板防水施工要点

（1）管廊底板防水施工工艺流程

底板混凝土垫层→基层清理→细部节点处理、附加增强施工→大面积"空铺"铺贴 1.5mm 厚 CPS-CL 反应粘型高分子防水卷材→保护层（以上按工程设计施工）。

（2）底板细部节点防水

侧墙与底板交接阴阳角均需铺贴 500mm 宽 1.5mm 厚 CPS-CL 反应粘结型高分子防水卷材（双面粘）加强层；底板卷材留出 500mm 宽卷材空铺，预留接茬，施工时应做好保护措施防止后续施工破坏或掩埋预留接茬，后续施工队在具体施工前应采用泡沫板（或者木板）铺盖预留接茬的卷材，保护好接茬的卷材。

2. 管廊侧墙防水施工要点

（1）管廊侧墙防水施工（图 6-6-1）

管廊侧墙结构自防水→细部节点处理、附加增强施工→大面积铺贴 1.5mm 厚 CPS-CL 反应粘型高分子防水卷材（以上按工程设计施工）。

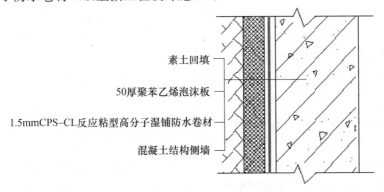

素土回填

50厚聚苯乙烯泡沫板

1.5mmCPS-CL反应粘型高分子湿铺防水卷材

混凝土结构侧墙

图 6-6-1 地下工程侧墙防水做法

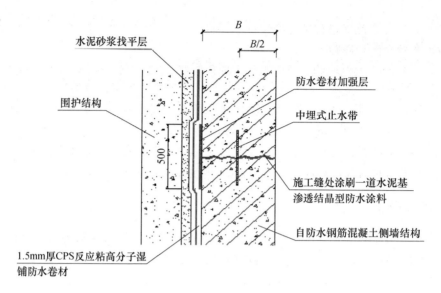

图 6-6-2　地下工程侧墙施工缝防水做法

（2）侧墙施工缝防水做法如图 6-6-2 所示。

3. 管廊顶板防水施工要点

（1）管廊顶板防水施工工艺流程

混凝土顶板结构自防水→细部节点处理、附加增强施工→大面积铺贴 1.5mm 厚 CPS-CL 反应粘型高分子湿铺防水卷材→大面积铺贴 1.5mm 厚 CPS-CL 反应粘结型高分子湿铺防水卷材（阻根型）→保护层（以上按工程设计施工）。

（2）顶板细部节点防水见本书相关内容。

五、立面防水卷材湿铺施工工艺

1. 立面基层处理

先对立面基层进行处理，如浮浆清除，蜂窝孔洞用水泥砂浆抹平，对拉止水螺杆切除并抹平等，清理后基面应该坚实、平整，应充分浇水润湿。

2. 定位、弹线、试铺

根据现场状况，确定卷材铺贴方向，在基层上弹出基准线，基准线之间的距离为一幅卷材宽度（即 1000mm），按照所选卷材的宽度留出不少于 80mm 搭接缝尺寸，依次弹出，以便按此基准线进行卷材铺贴施工。

3. 水泥素浆配置

水泥素浆的配置：配置水泥素浆一般按水泥：水＝2：1（质量比），先按比例将水倒入原已备好的搅拌桶，再将水泥放入水中，浸泡 15～20min 并充分浸透后，用电动搅拌器搅拌均匀成腻子状即可使用，高温天气或较干燥基面可加入水泥用量 1‰～4‰ 建筑胶粉保水剂拌匀后使用。

4. 刮涂水泥素浆

其厚度视基层平整情况而定，一般为 1.5～2.5mm，过薄达不到最优粘结效果，过厚则水泥素浆堆积宜开裂。刮涂时应注意压实、抹平。刮涂水泥素浆的宽度比卷材的长、短边宜各宽出 100mm，并在刮涂过程中注意保证平整度。

5. 防水卷材大面积铺贴

涂满水泥素浆的卷材折叠后，将其抬至脚手架上，轻轻将卷材一端放下，脚手架上施工人员按定位标记将卷材铺贴于立面墙上。

6. 辊压排气

待卷材铺贴完成后，用软橡胶板或滚筒等从中间向卷材搭接方向另一侧刮压并排出空气，使卷材充分满粘于基面上。搭接铺贴下一幅卷材时，将位于下层的卷材搭接部位的隔离膜揭起，将上层卷材对准搭接控制线平整粘贴在下层卷材上，刮压排出空气，充分满粘。

7. 卷材搭接，收头封边

卷材搭接宽度不少于 80mm，相邻两幅的搭接应错开卷材幅宽 1/3 以上，卷材湿铺搭接具体方法如下：直接将上下卷材搭接处的隔离膜撕开，搭接边刮涂（大面积涂刮水泥素浆时同时施工）水泥素浆，直接用水泥素浆封口。

8. 铺贴下一幅卷材

在前一幅防水卷材的长边上量取不少于 80mm 的搭接边，划开隔离膜并撕掉，刮涂水泥素浆、铺贴。具体施工方法与前一幅相同。

9. 成品养护

防水层铺好后，晾放 24～48h，一般情况下，环境温度越高所需要时间越短。高温天气防水层暴晒时，可用遮阳布或其他物品遮盖。

若需干粘铺贴第二道防水卷材，须确保第一道湿铺卷材完全干固后进行。

六、顶板平面防水卷材湿铺施工工艺

1. 平面基层处理

基层表面采用铲刀和扫帚将突出物等异物清除，并将尘土杂物清理干净，基层表面要基本平整，其高低误差在 5～8mm 内。所有阴角转角做 R50 圆弧型，阳角做 R20 圆弧型。砂眼、孔洞用高标号聚合物砂浆修补。

基层应坚固、平整、洁净、无起砂、无空鼓、无开裂、无浮浆；基面需洒水充分润湿，有明水和积水的要及时扫除。

2. 定位、弹线、试铺

在已处理好的基层表面，根据现场状况，确定卷材铺贴方向，在基层上弹出基准线，基准线之间的距离为一副卷材宽度（即 1000mm），按照所选卷材的宽度留出不少于 80mm 搭接尺寸，依次弹出，以便按此基准线进行卷材铺贴施工。

3. 水泥素浆配置

配置水泥素浆一般按水泥∶水＝2∶1（质量比），先按比例将水倒入原已备好的搅拌桶，再将水泥放入水中，浸泡 15～20min 并充分浸透后，用电动搅拌器搅拌均匀成腻子状即可使用，高温天气或较干燥基面可加入水泥用量 1‰～4‰建筑胶粉保水剂拌匀后使用。

4. 刮涂水泥素浆

其厚度视基层平整情况而定，一般为 1.5～2.5mm，过薄达不到最优粘结效果，过厚则水泥素浆堆积宜开裂。刮涂时应注意压实、抹平。刮涂水泥素浆的宽度比卷材的长、短边宜各宽出 100mm，并在刮涂过程中注意保证平整度。

5. 防水卷材大面积铺贴

将涂满水泥素浆的卷材一端抬起回翻，铺贴于基层上，用刮板从中间向两边刮压排出空气，将刮压排出的水泥素浆回刮封边。卷材另一端按相同方法进行铺贴处理。

6. 铺贴下一幅卷材

将卷材对齐基准线，保证卷材搭接尺寸可靠。卷材长短边搭接宽度不少于 80mm，相邻两幅的短边搭接缝应错开卷材幅宽 1/3 以上。铺贴方法与上一幅相同，铺贴时应注意：

（1）长边搭接：把上下层防水卷材长边搭接处的隔离膜撕掉，刮涂水泥素浆铺贴接边；

（2）短边搭接：把上下层防水卷材短边搭接处的隔离膜撕掉，刮涂水泥素浆铺贴接边。

7. 成品养护

防水层铺好后，晾放 24～48h，一般情况下，环境温度越高所需要时间越短。高温天气防水层暴晒时，可用遮阳布或其他物品遮盖。

8. 顶板平面防水卷材干粘工艺

（1）在第一道防水层上试铺、定位

先将第一道防水层表面的灰尘、垃圾等清理干净，然后摊开卷材，以下层防水卷材搭接边为铺贴基准线，长短边搭接缝应错开不小于卷材幅宽的 1/3。量取错开距离后，在卷材四周做好铺贴定位标记。

（2）划开下层卷材隔离膜

用裁纸刀沿防水卷材四周，轻轻划开下层卷材隔离膜，注意不要划伤卷材。

（3）撕去卷材隔离膜

将防水卷材一端抬起、翻转对折；用裁纸刀沿防水卷材对折线及下层卷材中心线轻轻划开隔离膜，分别撕掉上下两层防水卷材的隔离膜。

（4）干粘铺贴卷材

在对折处放入卷材纸筒，向前滚动纸筒，将防水卷材平整地粘贴于第一道卷材上，然后使用刮板赶压排气，使两道卷材相互粘贴牢固。

（5）铺贴下一幅卷材

将卷材对齐基准线，保证卷材搭接尺寸可靠。卷材长短边搭接宽度不少于 80mm，相邻两幅的短边搭接缝应错开卷材幅宽 1/3 以上。铺贴方法与上一幅相同。

七、工程特点

（1）本地下城市综合管廊属地下全埋工程，因三亚特殊地理位置，管廊必将置于带有酸碱盐腐蚀的富水环境中，必须选用具有抗耐酸碱腐蚀的防水材料；另富水环境防窜水是重点，应选择密封性能较好的防水材料。

（2）本管廊全段顶部处于 2～3m 深的地下空间，整体属于地下浅埋工程，应选用抵御植物根系穿透能力强的防水材料。

（3）地下城市综合管廊项目通常位于城市交通轨道下部，常年车辆通行，主体结构极易发生不均匀沉降。因此应选择抗结构变形、开裂能力强的防水材料。

（4）本工程工期较紧，为满足赶工期的需要很难保证施工基面的干燥，这就要求采用对基面要求条件低、施工环境影响小，适应工期需求的防水卷材。

（5）考虑管廊维修的局限性，建议选用能与管廊结构达到长久密封粘结的防水材料，充分保障百年管廊的建筑安全。

（6）细部节点部位是地下工程渗漏的重灾区，应选用能实现节点有效密封的防水材料。

第七节　北京市副中心行政办公区地下综合管廊工程案例和北京世园会园区地下综合管廊工程案例

（聚乙烯 LDPE 复合防水卷材与聚合物水泥胶黏料复合做法）

北京圣洁防水材料有限公司

一、前言

聚乙烯 LDPE 复合防水卷材是采用 LDPE 树脂同增强材料（丙纶、涤纶等无纺布）复合而成的，具有高延伸、高柔性，适用于管廊工程，是一种高强度增强型的防水卷材。此防水卷材同防水涂料（聚氨酯、热熔橡胶沥青防水涂料、速凝橡胶沥青防水涂料、聚合物水泥防水粘结料、氯丁胶乳沥青防水涂料等）一起使用，更能体现其防水、抗裂、耐久的特性，适用于各类地下工程。该防水系统已广泛应用于屋面工程、地下工程、地铁工程、隧道工程防水工程，并在北京市副中心综合管廊底板防水工程和北京世园会园区地下综合管廊工程中加以使用。

工程概况：北京世园会园区管廊由北京新奥集团有限公司建设，管廊工程长 3.3km，防水面积 6.6 万 m²，设计单位为北京市市政设计研究总院有限公司。北京市副中心行政办公区管廊，由北京建工集团总包，管廊为明挖现浇混凝土做法，采用聚乙烯丙纶－聚合物水泥复合施工做法。LDPE 复合防水卷材执行标准为《高分子增强复合防水片材》GB/T 26518—2011；各类复合用防水涂料符合相应的产品标准。工程做法符合《地下工程防水技术规范》GB 50108—2008、《地下防水工程质量验收规范》GB 50208—2011、《屋面工程技术规范》GB 50345—2012。

二、特点

聚乙烯（LDPE）在树脂中是一种典型的无毒环保型产品，广泛用于食品工业的包装材料（矿泉水、各类饮料、饼干、糕点以及各类医用产品），因此说 LDPE 复合增强防水卷材是无毒、无污染的，完全符合绿色建筑、健康城市的产品，LDPE 防水卷材已成功应用于各类建筑防水工程。

此类防水卷材最大特点是优异的柔韧性并同其他防水涂料很好地复合相容，二者合成一体形成一个防水体系，粘结强度高。施工时先在干净、平整的基层上涂刷（或喷涂）防水涂料，形成一个整体无缝的防水层，完全堵塞基层上的各类孔隙和裂缝，再将 LDPE 复合防水卷材铺贴在基层上，形成一个完整的防水体系，此体系具有施工便捷、速度快、施工性好、耐久性好、耐高低温、耐老化、抗变形、高柔韧性和防水性能好等特点，更适用于地下工程和管廊防水工程。

三、适用范围

卷材厚度 0.7~1.5mm，增强材料具有多样性，与之配套的防水涂料可选择聚合物水泥胶粘剂、非固化橡胶沥青涂料、速凝橡胶沥青涂料等。二合一后使之形成一种多功能的防水系统，适用于地下综合管廊工程、地下工程、地铁工程、隧道工程等。

四、防水工程设计

根据《地下工程防水技术规范》GB 50108—2008，《聚乙烯丙纶卷材复合防水工程技术规程》CECS199：2006，《高分子增强复合防水片材》GB/T 26518—2011，《聚氨酯防水涂料》GB/T 19250—2013，《SJ 速凝橡胶沥青防水涂料》Q/MY SJF 0001—2016，《SJ 热熔橡胶沥青防水涂料》Q/MY SJF 0001—2015，《聚乙烯丙纶防水卷材用聚合物水泥粘结料》JC/T 2377—2016 标准设计，以及城市综合管廊工程设计要求和特点制定本方案见图 6-7-1、图 6-7-2 和图 6-7-3。

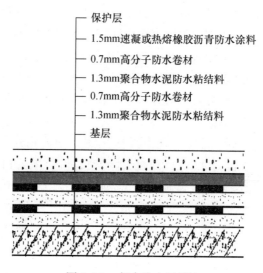

图 6-7-1　复合防水层做法

五、施工

聚乙烯 LDPE 复合防水卷材、速凝橡胶沥青防水涂料、热熔橡胶沥青防水涂料、聚合物水泥防水粘结料进入施工现场，进行抽检复试，应符合相关标准要求。

1. 聚乙烯丙纶防水卷材与聚合物水泥防水粘结料复合施工

（1）施工准备

①基层应坚实、平整、不起砂，杂物清理干净，基层过于干燥时应适当喷水潮湿，以利于粘结，但基层不得有明水；

②按比例现场配制好聚合物水泥粘结料；

③阴阳角处、后浇带、穿墙孔复杂部位的附加层做好后增强处理；

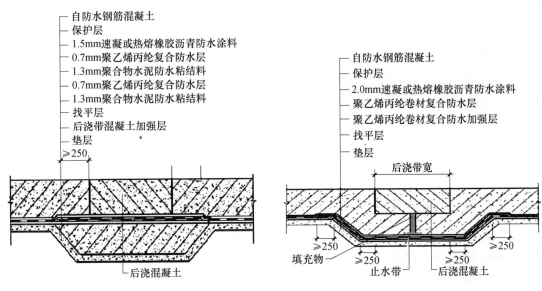

图 6-7-2　后浇带防水构造示意图（一）　　　图 6-7-3　后浇带防水构造示意图（二）

④ 聚合物水泥粘结料要满粘法刷，其他涂料同样采用满粘法施工；

⑤ 卷材搭接：长、短边为 100mm。相邻两边接缝应错开，第一层与第二层长边接缝错开 1/2～1/3，接缝搭接应粘结牢固防止翘边和开裂，用聚合物防水粘结料密好缝，封好头。

（2）施工

① 基层、细部验收后，做主防水层施工，粘结料配比：胶粉 1kg：水 25kg（水适量）：水泥 50kg。把粘结料用小桶倒入基层面上，用刮板均匀涂刷，厚度≥1.3mm。

② 按防水面积将预先剪裁好的卷材铺贴在基层上，铺贴时不应用力拉伸卷材，不得出现皱褶。用刮板推擦压实并排除卷材下面的气泡和多余的粘结料。

③ 搭接部位用粘结料密封，宽度为 60mm，厚度≥5mm，做到搭接处无翘边、无空鼓，平顺整齐。

④ 卷材返至挡土墙，留出甩槎 250mm，在挡土墙平面，用无纺布做保护防水层，砌 1～4 层砖，压住防水卷材，避免下道工序破坏。

2. 热熔橡胶沥青防水涂料复合施工

（1）施工准备

将热熔橡胶沥青防水涂料倒入粘结剂加热罐中加温，待粘结剂的均衡温度上升至 140℃以上，并保持该温度。

（2）基层应坚实平整、无杂物

① 基层处理干净后就可喷涂热熔橡胶沥青防水涂料，在此基础上铺贴聚乙烯丙纶防水卷材。喷涂前约两小时打开加热开关，预先将材料倒入料灌中加热，待涂料整体温度达到可喷涂状态时（约 260℃），用专门喷涂机均匀地喷涂非固化液体橡胶防水涂料。喷涂时可根据设计厚度调换不同喷枪枪嘴，防水层一次或二次成型。

② 卷材搭接：长、短边为 100mm，错开相邻两边上下层接缝错开 1/2，卷材末端收头，

应粘结牢固，防止翘边和开裂。见图 6-7-4。

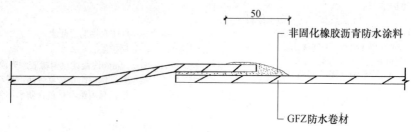

图 6-7-4　卷次搭接示意图

（3）施工方式

① 应根据施工现场的实际情况，确定采用喷涂或刮涂方式进行施工。采用满粘法施工热熔橡胶沥青防水涂料应均匀地刮涂 1.5mm 厚，铺贴卷材时应及时排出内部空气，使卷材与热熔橡胶沥青防水涂料牢固地粘结在基层上。

② 喷涂热熔橡胶沥青防水涂料并铺贴卷材。对立墙、立面以及阴阳角可采用喷涂热熔橡胶沥青防水涂料的方法进行施工。喷涂热熔橡胶沥青防水涂料时喷涂应均匀，确定喷枪喷嘴口径，喷涂速度要均匀，喷涂厚度要均衡一致，直至达到粘结剂要求厚度为止。

③ 聚乙烯丙纶防水卷材搭接宽度为 100mm，卷材搭接时应当错开底层相邻两边的搭接缝。

④ 单层法施工时，卷材光面应当朝下；做双层法施工时，第一层光面应当朝上，第二层光面应当朝下。

⑤ 防水卷材上面直接做保护层时，卷材搭接缝可不做盖条；防水卷材上面不做保护层时，卷材搭接缝做 10cm 的盖条，粘结剂宜采用聚合物粘结料密封好。

3. 速凝橡胶沥青防水涂料复合施工

（1）施工准备

① 工具、刮板、滚刷、毛刷、铲刀、压辊、剪刀、手提桶、卷尺、喷涂速凝液体橡胶专用喷涂设备、制胶容器、耐碱胶手套等。

② 卷材搭接宽度：长、短边为 100mm。相邻两边接缝应错开，第一层与第二层长边接缝错开 1/2～1/3，接缝搭接应粘结牢固防止翘边和开裂。形成完整的聚乙烯丙纶防水卷材与速凝橡胶沥青防水涂料复合防水体系。见图 6-7-5。

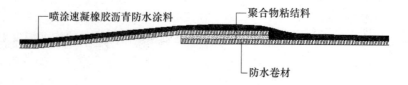

图 6-7-5　防水卷材与喷涂速凝复合防水体系

（2）附加层细部做法

① 阴阳角，施工缝、卷材层完成后，再施工速凝橡胶沥青防水涂料。

② 速凝橡胶沥青防水涂料要均匀，用专用喷枪从一侧向另一侧（由低向高）进行，喷枪距离基面宜为 600～800mm，按 3～4s/m 的行枪速度，2mm 厚的涂层可一次纵横 5～6 遍

喷涂完成。

③ 地下外墙防水施工时，处理好导墙防水后，凡有聚乙烯丙纶防水卷材施工的部位，都应满面喷涂速凝橡胶沥青防水涂料，喷涂应平整顺直，不歪扭、无皱褶，不起泡。

（3）边角、收头重点密封处理

应及时认真检查防水层的质量，特别要对防水层的立墙、桩头、边角及重要部位进行仔细检查，看是否有开口、翘边、粘不牢等缺陷，及时发现及时采取措施。

六、成品保护

（1）聚乙烯（LDPE）复合防水卷材、防水层必须在其上面做水泥砂浆保护层。

（2）防水层做完后24h内不得有人来回走动，避免破坏防水层，形成空鼓。

（3）砂浆保护时施工人员不得穿带钉子鞋进入，用小推车时要铺垫木板，防止破坏防水层。施工人员不得用铁锹铲破防水层，以免影响防水层的效果。

第八节　重庆国际会展中心配套市政管廊工程案例

（高分子三合一复合防水卷材做法）

北京中联天盛建材有限公司

一、工程概况

重庆市国际会展中心至礼嘉段市政交通工程是西部会展中心的市政配套工程，全长约12.055km，除张家溪段为高架桥外，其余基本为地下工程，共分为五站五区间，连接礼嘉、黄茅坪、悦来、会展中心等功能区。工程起自六号线一期工程礼嘉站，终点为会展中心北站。

二、地质条件

本管廊为构造剥蚀丘陵地貌，海拔高约300m，工程范围内出露的岩层为强氧化环境下的河湖相碎屑岩沉积建造。由多层砂岩-砂质泥岩不等厚的正向沉积层组成。以紫红色、暗紫红色泥岩、粉砂质泥质砂岩为主，夹黄灰色、灰色、紫灰色中厚层状细粒长石砂岩。

三、水文地质

本工程位于浅丘地貌，地形较平缓，下伏岩层为河湖相沉积岩，水文地质环境总体较简单。地表基本出露基岩为砂岩，地下水主要为基岩裂隙水。地下水来源于大气降水补给。地下水主要以潜水形式存在，根据提水后钻孔水位观察，岩层中地下水水位参差不齐。有少量地下水下渗到基岩风化裂隙中，局部段构造裂隙中含少量地下水。根据水质分析，场地内地下水对混凝土结构有微腐蚀性。

四、工程防水方案和试验

1. 防水设防等级

《城市综合管廊工程技术规范》GB 50838—2015 要求地下综合管廊的防水设防等级为二

级以上，由于本工程项目重要性，结合工程的水文地质特点，确定本工程防水等级为一级。

2. 方案及材料

经过对众多厂家提供的方案研究，最终确定采用中联天盛的"完美防水系统"。

（1）"完美防水系统"防水施工采取卷材和涂料相结合，材料与施工并重。采用中联天盛厂家自主研发的丁基橡胶、塑料共混制成的防水涂料，与柔性的丁基橡塑防水卷材或者SF1三合一自粘防水防护卷材及缝不漏（FBL）密封材料共同组成的系统；卷材和涂料复合使用，涂料为无缝的防水层，卷材又弥补了涂料厚薄不均的不足，两者复合使用形成一道整体无缝的防水层。

（2）中联天盛生产的缝不漏（FBL）密封材料适用所有施工缝、沉降缝以及其他缝隙，可以替代止水条，是一种多功能防水、止水的环保型止水材料。由丁基橡胶、塑料与沥青经特殊工艺加工制成的膏状密封材料。

丁基橡塑防水涂料：以橡胶、塑料、沥青为主要成分，加入助剂混合制成的，具有粘结力强、凝结速度快等特点。

丁基橡塑防水卷材：以橡胶、塑料、沥青为主要成分，加入助剂混合制成的胶料，经涂覆在聚酯无纺布表面，下表面覆以隔离膜制成的防水卷材。

SF1三合一自粘防水防护卷材：采用缓冲层（聚酯无纺布）、高分子片材（如EVA）、丁基橡胶自粘层、隔离膜制成的，集防水、防护为一体自粘型防水卷材。

3. 在进行施工前，对防水方案和材料进行了大量试验

（1）"完美防水系统"为卷材和涂料复合使用，涂料为无缝的防水层，卷材又弥补了涂料厚薄不均的不足，两者复合使用形成一道整体无缝的防水层，加上缝不漏（FBL）的应用，彻底解决了建筑缝渗漏、大面积窜水等问题。

（2）采用缝不漏（FBL）浇注或者镶嵌在建筑物的缝隙中，它与结构墙体浇注后成为一体，可抗沉降缝的变形，永不开裂，漏水概率为零。

（3）"完美防水系统"所用的丁基橡塑防水涂料，喷涂或者刮涂在基面上可以很好地与基面粘结，时间越久粘结越牢，从而解决了大面积窜水问题。

（4）"完美防水系统"建筑缝使用的缝不漏（FBL）可抗沉降缝的变形，喷涂的丁基橡塑防水涂料和缝不漏（FBL）能很好地相容，建筑物在沉降不均时，防水层可以跟着变形，因此不存在撕裂现象。

（5）"完美防水系统"所使用的卷材自粘层、涂料、缝不漏（FBL）是中联天盛独立研发的特殊配方产品，因三种材料材质相同，具有互容性，因此从根本上解决了不同村料的相容问题。

经一系列试验和专家论证后，认定中联天盛的"完美防水系统"的方案可满足重庆西部国际会展中心配套市政交通工程项目（会展中心至礼嘉段管廊工程）的防水要求。

五、施工工艺

1. 工艺流程

清理基层→缝不漏（FBL）密封材料处理缝隙→喷涂丁基橡胶、塑料防水涂料→铺贴丁基橡胶、塑料防水卷材（可选SF1）→收口固定、密封→自检、修补→验收。

2. 施工操作要点

（1）清理基层：将验收合格的基层清理干净。

（2）缝不漏（FBL）密封材料处理缝隙：在缝隙处浇注缝不漏（FBL）进行密封处理。

（3）喷涂丁基橡塑料防水涂料：将丁基橡塑料防水涂料放在脱桶器中加热，脱离包装桶后倒入喷涂机内加热，先进行试喷，至喷口出粒均匀后方可进行大面积喷涂（或者刮涂）施工。喷涂时应先远后近，薄厚均匀。

（4）铺贴丁基橡胶、塑料防水卷材（可选 SF1）：涂料喷涂完成后，随即按基准线铺贴与其相容的卷材。卷材铺贴应平整、顺直，不得扭曲；卷材的长边、短边搭接宽度均为80mm，搭接缝应进行辊压粘牢。

（5）收口固定、密封：卷材在立面的收头处应用压条固定，并进行密封处理。

3. 节点部位构造做法

（1）平立面接口防水做法

在喷涂丁基橡塑防水涂料施工时，应在底板与立面转角处做加强层（见图 6-8-1）。

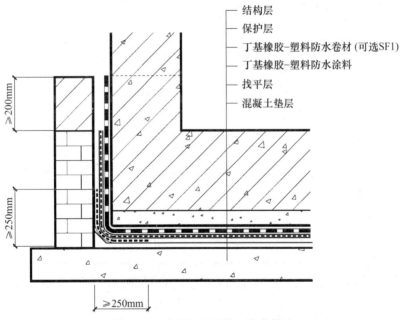

图 6-8-1 底板与立面接口防水做法

（2）变形缝做法

变形缝防水做法是采用安装外贴式止水带并嵌填缝不漏（FBL）密封材料与喷涂丁基橡塑防水涂料复合使用（见图 6-8-2）。

（3）穿墙管做法

地下室穿墙管应在浇注混凝土前预埋。管与墙体交接处预留凹槽，槽内用缝不漏（FBL）密封材料嵌严，管根处做加强处理（见图 6-8-3）。

（4）后浇带防水做法

后浇带防水应安装外贴式止水带并嵌填缝不漏（FBL）密封材料与喷涂丁基橡胶、塑料防水涂料复合使用（见图 6-8-4）。

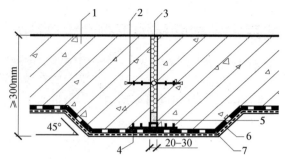

1—混凝土结构层；2—中埋式止水带；3—填缝材料；4—外贴式止水带；

5—缝不漏（FBL）密封材料；6—丁基橡塑料防水卷材；7—丁基橡塑防水涂料

图 6-8-2　变形缝防水做法

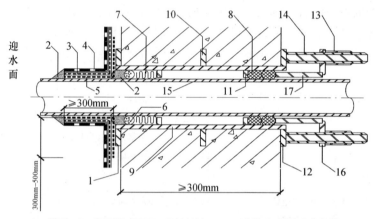

1—翼环；2—缝不漏（FBL）密封材料；3—丁基橡胶-塑料防水涂料；

4—丁基橡胶-塑料防水卷材；5—附加层；6—背衬材料；7—充填材料；8—橡胶圈；9—套管；

10—止水环；11—挡环；12—翼盘；13—螺母；14—双头螺栓；15—主管；16—法兰盘；17—短管

图 6-8-3　穿墙管防水做法

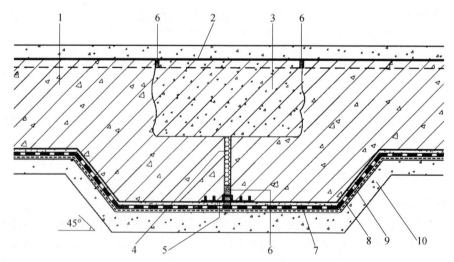

1—混凝土结构层；2—钢丝网片；3—后浇带；4—填缝材料；5—外贴式止水带；6—缝不漏（FBL）密封材料；

7—保护层；8—丁基橡胶-塑料防水涂料；9—丁基橡胶-塑料防水卷材；10—垫层混凝土

图 6-8-4　后浇带做法

第九节　北京中关村西区地下综合管廊防水工程案例

（自粘聚合物改性沥青防水卷材复合做法）
北京中联天盛建材有限公司

一、工程概况

北京中关村地下综合管廊位于北京中关村科技园区的核心区，是科技园投资最大、标准最高、设施最完善的建设项目，项目全长 1.8km、建设面积近 30 万 m^2，其中底板防水面积 62 000m^2、侧墙 27 000m^2、顶板 62 000m^2；该综合管廊于 2005 年建成，2007 年投入使用，是北京地区最大的城市综合管廊之一。中关村地下综合管廊设计新颖，地下一层是贯穿整个社区的交通环廊，地下交通的型式有助于解决中关村地区地面交通拥堵问题；地下二层为商业开发、停车场及办公用房，也起到连接一、三层的枢纽作用；地下三层铺设有燃气、热力、电力等公共设施，有效解决了中关村地区的"马路拉链"问题。北京中关村地下综合管廊三位一体的模式合理地利用了地下空间，为北京及全国各区域综合管廊的建设提供了参考价值，该结构工程获得北京市优质工程"长城杯"奖。

二、地质条件

1. 工程地质

本管廊工程位于第四纪沉积岩上，基底以上覆盖 0.9～4.6m 人工堆土层，包括黏质粉土、渣土及碎煤层；管廊下部自上向下分布可塑－硬塑的黏质粉土、粉质黏土及砂质黏土，其中部分有较软的夹层；下层为黏质粉土，为管廊的持力层，地基承载能力标准值为 200 kPa；持力层以下为密实的黏质粉土、粉质黏土、卵石、圆砾及粉细砂层，无软弱下卧层分布。

2. 水文地质

本工程地下水位埋深较浅，地下水分为三层：第 1 层地下水为台地潜水，静止水位标高为 46.64～48.6m，局部受破裂的污水管影响，水位偏高；第 2 层为层间潜水，静止水位标高为 33.72～35.58m，该层水具有承压性；第 3 层为承压水，静止水位标高为 30.51～32.01m。

本工程地下水水位变化较大、水力联系较复杂，第 1、2 层地下水对混凝土结构无腐蚀性，但在干湿交替条件下，对钢筋混凝土中的钢筋有弱腐蚀性。

三、工程防水方案试验

1. 防水设防等级

《城市综合管廊工程技术规范》GB 50838—2015 要求地下综合管廊的防水设防等级为二级以上，由于中关村综合管廊三位一体的特殊模式，人员流动密集，结合工程的水文地质特点，确定本工程防水等级为一级。

2. 原防水设计方案

工程原施工方案为 4mm＋4mm 厚 SBS 改性沥青防水卷材，采用热熔法施工。此方案在部分底板部位施工后不久，就出现了少量的渗漏现象。设计方及相关人员对 SBS 卷材覆盖的部位进行查看，发现 SBS 卷材与底板垫层未能形成牢固粘结，且卷材的搭接边处的膜未能完全烤化，因搭接不牢从而引起底板的窜水现象。另一个引起渗漏的原因是赶工期，由于 SBS 防水卷材对于基层要求较高，而基层未达要求就进行防水施工，起初粘结效果尚可，但在混凝土浇注后，水压过大而引起未粘牢部位渗水至基础底板，从浇注混凝土不密实处和伸缩缝等处穿过从而引起渗漏。

因本工程面积较大、施工面多、工期紧，如果继续采用 SBS 卷材，很难保证防水效果，因此需对管廊的防水方案做出调整。

3. 新防水方案的设计与验证

考虑到本工程的一级防水要求，最终设计方决定采用 2mm 厚自粘聚合物改性沥青防水卷材（无胎体）＋2mm 厚聚氨酯防水涂料的复合防水方案。在进行防水施工前，对防水方案进行了模拟试验：

（1）粘结试验：选取一块 2m×2m 的侧墙，采用自粘卷材与聚氨酯防水涂料模拟施工。15d 后，未发现聚氨酯涂料与侧墙间的脱离，也未发现自粘卷材与聚氨酯涂料间的翘边、剥离现象。

（2）破坏试验：在粘结试验的基础上，用木头用力撞击防水层，被撞击处未发生开裂现象，且粘结得更牢固；而采用 SBS 卷材与聚氨酯涂料复合时，卷材在撞击处开裂且易撕开。

（3）耐水试验：用木板条制成一个木箱，对木箱内部分 4 次涂刷聚氨酯防水涂料，涂料凝固后粘贴自粘卷材，并用钉子将木箱固定封口后浸泡在水中，15d 后取出，卷材与涂料间未发现剥离现象。

在一系列试验后，认定 2mm 厚自粘聚合物改性沥青防水卷材（无胎体）＋2mm 厚聚氨酯防水涂料的方案可满足中关村西区地下综合管廊的防水要求。

四、防水施工工艺

1. 基层处理

清理基层上的灰尘、油污和碎屑，保证表面干燥、含水率低于 9%。结构侧墙拆除模板后，需修复墙面上因混凝土振捣不到位而产生的外露蜂窝等缺陷。

2. 配制聚氨酯防水涂料

按照配方将 A、B 组分快速混合，形成均匀的聚氨酯防水涂料。

3. 涂刷防水涂料

进行聚氨酯防水涂料施工。第 1 道是底涂，浓度较低，这样可以保证涂料能够有效地渗入基层，同时抑制基层开裂；待底涂干燥后，涂刷第 2 道聚氨酯涂料，涂刷均匀，保证厚度不低于 0.5mm；待第 2 道涂层凝固后，涂刷第 3 道聚氨酯涂料，涂刷方向与第 2 道垂直，厚度不低于 0.5mm。涂刷共 5 道，涂刷方向与上一道垂直，涂层总厚度不低于 2mm，保证不漏底、不堆积。

4. 铺设防水卷材

当聚氨酯涂料层干燥后，进行自粘聚合物改性沥青防水卷材的施工。卷材铺设前，先涂刷一层专用清洁剂，可有效保证自粘卷材的粘结强度；铺设第 1 幅自粘卷材，对准基线进行试铺，沿中线揭去卷材的隔离纸并对准基线进行铺设；以第 1 幅卷材为基准，进行后续卷材的铺设。卷材长边搭接宽度宜 100mm，短边搭接宽度宜 150mm。遇侧墙自粘卷材铺设时，方向为自上而下，必要时可使用射钉机械固定。

5. 卷材收口密封

对自粘卷材长短边搭接处、卷材收头及异型部位等处进行密封处理。

6. 后续施工

防水层施工完毕后，应先自检修补以防渗漏，再浇注钢筋混凝土保护层，立面砌筑保护墙。

五、节点部位构造做法

1. 底板与侧墙交接处

由于原设计方案中底板的 SBS 改性沥青防水卷材并未揭除，仅进行堵漏和加固处理，存在大量原底板 SBS 卷材与侧墙自粘卷材的搭接边，两种材料性能不同，搭接处需特别注意。底板与侧墙交接处（图 6-9-1）施工要点：（1）用喷灯将交接处 SBS 卷材表面的 PE 膜烘烤熔化，并用钢抹抹平；（2）涂刷聚氨酯防水加强层 2 层（包括 SBS 卷材部位），工艺同大面涂刷，但不需涂刷底漆；（3）之后完成后续防水层施工。

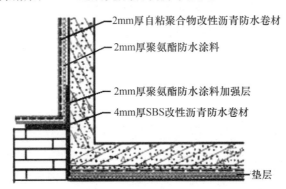

图 6-9-1 平立面接口防水做法

2. 伸缩缝

伸缩缝（图 6-9-2）施工要点：（1）伸缩缝设置橡胶止水带，埋深应准确，其中心应与缝重合；（2）施工缝与防水层之间设置防水加强层，其中填灌聚氨酯密封胶进行密封；（3）加强混凝土的振捣，排出止水带底部空气，使止水带和混凝土紧密结合。

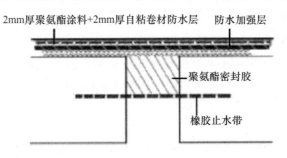

图 6-9-2 伸缩缝防水做法

3. 阴阳角

阴阳角防水（图 6-9-3）施工要点：（1）为保证防水效果，阴角防水加强层采用 4mm 厚聚氨酯涂料；（2）阳角防水加强层采用 500mm 宽、2mm 厚自粘卷材，以防阳角受到破坏；（3）为加强密封效果，阴角处采用聚氨酯密封胶嵌入 U 形凹槽内，并保证此处弹性。

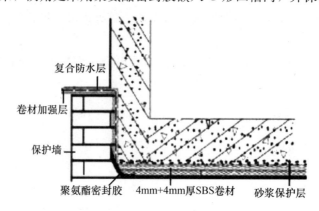

图 6-9-3　阴阳角防水做法

4. 穿墙管

穿墙管施工要点：（1）固定式穿墙管应加焊止水环，并做好防腐处理；（2）为保证防水效果，穿墙管涂刷聚氨酯防水涂料时需涂刷至管根外 150mm；（3）浇注补偿收缩防水混凝土，保证混凝土密实，加强养护。

六、方案评价

本项目是国内第二条现代化的综合管廊，其顺利运营对于国内管廊发展具有指导意义。由于其复杂的水文地质环境和防水等级要求，对于本工程的防水方案几经研究：起初 4mm＋4mm 厚 SBS 改性沥青防水卷材的方案引起了底板渗漏，于是对侧墙和顶板防水设计做出调整，采用涂卷复合的方案，且自粘卷材厚度超过《地下工程防水技术规范》GB 50108 规范要求，工程建成近十年，再未出现过渗漏现象。对于本管廊工程防水方案的探索，做出以下总结：

（1）由于 SBS 卷材在施工中普遍采用热熔施工，若烘烤不够，覆盖于卷材上的 PE 膜无法完全熔化，导致粘结不牢；若烘烤时间过长，卷材表层的分子结构被破坏导致炭化，水会从炭化层进入结构层从而导致窜水。工程后期选择了复合的方案，但也需保证防水卷材与涂料间的相容性，事实证明，自粘卷材复合聚氨酯涂料的方案可保证综合管廊的防水效果。

（2）工程除在结构缝设置了传统止水带外，又在缝中嵌入了聚氨酯密封胶，能很好地应对管廊结构发生沉降而撕裂止水带导致的渗漏风险。

（3）工程尤为关键的是底板 SBS 卷材与侧墙自粘卷材的搭接。首先对 SBS 卷材表面的 PE 膜烤化，为防止高温伤害涂料，待稍冷却后再涂刷聚氨酯防水涂料，后覆盖自粘卷材，最后对卷材接头用聚氨酯密封胶进行密封处理。

七、结语

北京中关村西区地下综合管廊是国内第二条现代化的综合管廊，其顺利运行，很好地缓解了北京中关村地区道路反复挖掘的问题。经对防水设计方案的摸索总结，对于新时期下管廊工程防水具有指导意义。本工程在底板上两道 SBS 卷材复合发生渗漏后，及时进行调整，对侧墙和顶板采用自粘卷材和聚氨酯防水涂料复合的方案，解决了渗漏问题。北京中关村西区地下综合管廊已成为我国管廊发展的重要标志性工程，其近十年运营中未出现渗漏，也证明了其采用的涂卷复合的防水方案可靠可行。

第十节　北京保险产业园综合管廊工程防水工程案例

（自粘聚合物改性沥青-热熔橡胶沥青涂料复合做法）

北京普石防水材料有限公司

一、工程概况

北京保险产业园综合管廊工程同期建设两条综合管廊，分别位于石景山北Ⅰ区二号路及实兴东街道路下。其中石景山北Ⅰ区二号路综合管廊西起刘娘府东街，为刘娘府东街建设综合管廊预留接口条件，东至实兴大街以东，与金顶街 110kW 变电站相接，综合管廊长约 720m；实兴东街综合管廊南起石景山北Ⅰ区三号路，管廊端头预留仓内管线出线条件，北至金顶山路，管廊端头预留仓内管线出线条件，综合管廊长大约 595m，防水面积 30000m²。

二、防水设计

本工程防水等级为二级，综合管廊防水采用全包防水，综合管廊在绑扎框架钢筋前，浇注 100mm 厚 C15 混凝土垫层，在其上施做 1.3mm 厚聚合物水泥防水粘结料一层，再铺设 2mm 厚热熔橡胶沥青防水涂料＋3.0mm 自粘聚合物改性沥青防水卷材，形成复合防水层，然后浇注 50 厚 C15 细石混凝土保护层。

三、管廊用材料

（1）自粘聚合物改性沥青防水卷材，性能符合《自粘聚合物改性沥青防水卷材》GB 23441 标准的规定。

（2）热熔橡胶沥青非固化防水涂料，具有自行封闭能力，可自行修复防水层的破损部分，破损部位周围的非固化橡胶沥青防水涂料会自动流动并填充到受损部位，可以阻断防水层与混凝土基面间的漏水及渗漏，与自粘聚合物改性沥青防水卷材复合使用可由非固化橡胶沥青防水涂料层吸收全部的变形应力，卷材层如同空铺，不受任何力的作用，确保了整个复合防水层长期保持完整性，以更大程度地满足管廊工程的防水要求。

四、施工做法

（1）基层处理：基层表面应坚固、平整、干燥、干净、无灰尘油污，转角处应做成 50mm×50mm 的斜角或半径 50mm 的圆角附加层。

（2）涂刷氯丁胶乳沥青防水涂料：在合格基层上均匀涂刷氯丁胶乳沥青防水涂料，涂刷前应将氯丁胶乳沥青防水涂料充分搅拌，涂刷时应厚薄均匀，不漏底、不堆积，遵循先高后低，先立面后平面的原则，直至涂刷氯丁胶乳沥青防水涂料要求的厚度，待干燥后即可进行下一步工序。

（3）节点加强处理：在节点部位（如：阴阳角、施工缝及后浇带）先做加强层。

（4）热熔橡胶沥青防水涂料：施工前，应将热熔橡胶沥青防水涂料放在加热罐中加热呈液体状态，达到规定的热用温度时才能施工，喷涂温度≥150℃。

（5）喷涂橡胶沥青防水涂料：将加热罐中的橡胶沥青防水涂料均匀地喷涂在基层上，3min 内滚铺 SBS 改性沥青防水卷材，然后轻刮卷材表面，排出内部空气，使卷材与非固化橡胶沥青防水涂料牢固地粘结在一起。

（6）大面铺贴自粘聚合物改性沥青防水卷材：将自粘聚合物改性沥青防水卷材铺贴在已抹防水涂料的基层上（边抹防水涂料，边铺自粘改性沥青防水卷材），地下室顶以上留出250mm 的甩槎长度，并采取保护措施覆盖。

（7）排气：用木抹子或橡胶板拍打卷材表面，排出卷材下面的空气，使卷材与非固化橡胶沥青防水涂料紧密贴合。

（8）长短边搭接粘结：根据现场情况，可选择铺贴卷材时进行搭接。搭接时，将 SBS 改性沥青防水卷材的搭接边热熔并压实，将上层卷材平铺粘贴在下层卷材上，卷材搭接宽度不小于100mm。

（9）防水卷材密封收头：用非固化橡胶沥青防水涂料进行密封，搭接处也可使用热熔施工法进行密封。

五、施工节点做法

（1）垫层防水

综合管廊在绑扎框架钢筋前，浇注 100mm 厚 C15 混凝土垫层，在其上施做 1.3mm 厚聚合物水泥防水粘结料一层，再铺设 2mm 厚非固化橡胶沥青防水涂料＋3mm 厚自粘型改性沥青防水卷材一层，然后浇注 50mm 厚 C15 细石混凝土保护层。

（2）侧墙防水

采用 2mm 厚非固化橡胶沥青防水涂料＋3mm 厚自粘型改性沥青防水卷材＋50mm 厚聚苯板保护层保护（如图 6-10-1）。

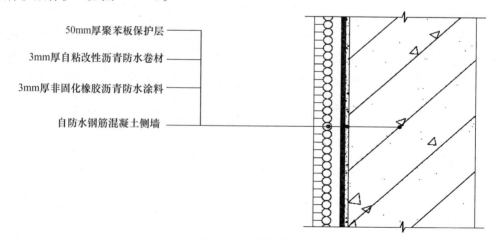

50mm厚聚苯板保护层
3mm厚自粘改性沥青防水卷材
3mm厚非固化橡胶沥青防水涂料
自防水钢筋混凝土侧墙

图 6-10-1　侧墙防水

（3）顶板防水

顶板防水采用 2mm 厚非固化橡胶沥青防水涂料＋3mm 厚自粘型改性沥青防水卷材＋3mm厚聚合物做水泥砂浆保护层保护。

（4）墙变形缝处防水

2mm 厚非固化橡胶沥青防水涂料＋3mm 厚自粘型改性沥青防水卷材＋2mm 厚非固化橡胶沥青防水涂料＋3mm 厚自粘型改性沥青防水卷材＋50mm 厚聚苯板保护层保护（如图 6-10-2）。

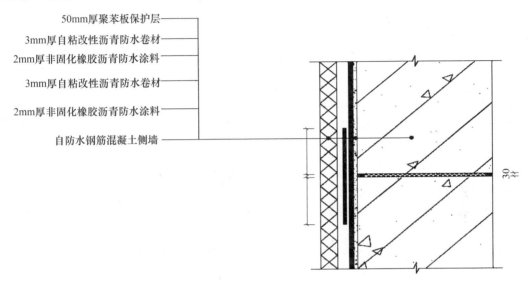

图 6-10-2　墙变形缝处防水做法

（5）有垫梁时底板变形缝处防水

1.3mm 厚聚合物水泥防水粘结料＋3mm 厚自粘型改性沥青防水卷材＋2mm 厚非固化橡胶沥青防水涂料＋3mm 厚自粘型改性沥青防水卷材加强层＋50mm 厚 C15 细石混凝土保护层。

六、工程特点

国家要加强城市地下综合管廊建设，既是防水工程的延伸拓展，给防水行业带来新的机遇。

北京保险产业园综合管廊工程按照《地下工程防水技术规范》GB 50108—2008 设计施工，并严格按照《地下防水工程质量验收规范》GB 50208—2012 进行验收，采用非固化橡胶沥青防水涂料与自粘聚合物改性沥青防水卷材复合防水施工技术，利用非固化橡胶沥青防水涂料优良的粘结和自愈能力和自粘聚合物改性沥青防水卷材完美结合，达到了完美的防水效果。

第十一节　河北省正定新区管廊防水工程案例

（高分子自粘胶膜预铺反粘做法）
衡水中铁建土工材料制造有限公司

一、工程概况

正定新区综合管廊标准段高 5.0m，宽 8.4m，分为水、电两个仓室。其中水仓容纳市政给水管、再生水管、供热管等，并设有预留管位；电仓容纳电力电缆、通信电缆等管线。

根据正定新区城市总体规划，在四纵三横七条城市主干道下布设综合管廊，构筑层次化、骨架化、网格化的综合管廊系统。综合管廊间距 1.1～1.6km，总长度大 24km，在与地铁、地下人行通道及其他地下空间的交叉处实行一体化设计。

二、防水设计

1.5mm 非沥青基高分子自粘胶膜防水卷材。

三、施工做法

1. 底板防水施工

（1）工艺流程

基层清理→节点密封、附加层施工→弹基准线试铺卷材→卷材空铺（预铺反粘法）→卷材搭接（焊接搭接边）→自粘胶条增强搭接→结构混凝土浇注。

（2）施工步骤

① 基面清理

清除基层表面杂物，突出表面的石子、砂浆疙瘩等应清理干净，清扫工作必须在施工中随时进行。

② 一般细部附加增强处理

用专用无胎自粘卷材在两面转角、三面阴阳角等部位进行附加增强处理。方法是先按细部形状将卷材剪好，在细部贴一下，视尺寸、形状合适后，再将卷材粘贴在基层上，附加层要求无空鼓，并压实铺牢。

③ 弹基准线试铺

根据施工现场状况，进行合理定位，确定卷材铺贴方向，在基层上弹好卷材控制线，依循流水方向从低往高进行卷材试铺。

④ 面层卷材铺贴

卷材试铺后，先将要铺贴的卷材剪好，预铺于基面上（底部直接浇注混凝土）。

⑤ 搭接封边

卷材与卷材之间长边采用热熔焊接（生产时预留搭接边）和配套自粘胶条增强粘结的双保险模式，短边采用自粘胶条搭接密实，搭接宽度 100mm，相邻两排卷材的短边接头应相互错开 1/3 幅宽以上，以免多层接头重叠而使得卷材粘结不服贴。

⑥ 结构混凝土浇注

按规范浇注结构混凝土。

2. 侧墙防水施工

（1）工艺流程

基层清理→节点密封、附加层施工→弹基准线试铺卷材→卷材空铺（预铺反粘法）→卷材固定→卷材搭接（焊接搭接边）→自粘胶条增强搭接→结构混凝土浇注。

（2）施工步骤

① 基面清理

清除基层表面杂物，突出表面的石子、砂浆疙瘩等应清理干净，清扫工作必须在施工中随时进行。

② 一般细部附加增强处理

用专用无胎自粘卷材在两面转角、三面阴阳角等部位进行附加增强处理。方法是先按细部形状将卷材剪好，在细部贴一下，视尺寸、形状合适后，再将卷材粘贴在基层上，附加层要求无空鼓，并压实铺牢。

③ 弹基准线试铺

根据施工现场状况，进行合理定位，确定卷材铺贴方向，在基层上弹好卷材控制线，依循流水方向从低往高进行卷材试铺。

④ 面层卷材铺贴

卷材试铺后，先将要铺贴的卷材剪好，预铺于基面上（底部直接浇注混凝土）。

⑤ 固定卷材

卷材端口采用金属压条或钉子固定，间距400mm。

⑥ 搭接封边

卷材与卷材之间长边采用热熔焊接（生产时预留搭接边）和配套自粘胶条增强粘结的双保险模式，短边采用自粘胶条搭接密实，搭接宽度100mm，相邻两排卷材的短边接头应相互错开1/3幅宽以上，以免多层接头重叠而使得卷材粘结不服贴。

⑦ 结构混凝土浇注

按规范浇注结构混凝土。

四、施工注意事项

（1）防水卷材放置、固定在合理的位置，防止混凝土浇注过程中的移位。

（2）相邻两排卷材的短边接头应相互错开1/3幅宽以上，以免多层接头重叠而使得卷材粘贴不平。

（3）清理卷材上的泥土、污物或积水，专人负责卷材的捣实和排气。

（4）在施工中若卷材部位受到污染，可用干净的湿布清洁卷材等。

（5）冬季施工10℃以下长边可采用焊接方式，双焊缝焊接密实。

（6）当卷材在立面施工且片幅较大时，在搭接边部位辅以适当的固定措施。

（7）避开雨雪、五级以上大风等恶劣天气施工。

第十二节　潍坊鸢飞路综合管廊防水工程案例

（自粘改性沥青防水卷材-非固化橡胶沥青防水涂料复合做法）

潍坊市宏源防水材料有限公司

一、工程概况

鸢飞路综合管廊工程施工范围包括清溪街至中学街鸢飞路东侧主路，全长3500m，管廊铺设深度为6～10m，管廊尺寸为3.2m×3.2m。纳入综合管廊的管线主要包括电力、自来水管道和通信等众多弱电线路。通过管廊建设，沿途的高压电和自来水、通信等众多管线将

"下地入廊"，防水工程量约为 30000m²。

二、防水设计原则

（1）管廊地下结构防水遵循"以防为主，刚柔结合，多道防线，因地制宜，综合治理"的原则。

（2）防水根据不同的结构型式，水文地质条件、施工方法、施工环境、气候条件等，采取相适应的防水措施。

（3）采用钢筋混凝土自防水体系，即以结构自防水为根本，施工缝、变形缝、穿墙管、桩头等细部构造的防水为重点，并在结构迎水面设置柔性全包防水层加强防水。

（4）选用的柔性防水层应具有环保性能、经济实用、施工简便、对土建工法的适应性较好、能适应当地的天气和环境条件、成品保护简单等优点。

三、防水设计方案

本工程地下防水等级为一级，三道防水设防，即一道结构自防水加两道柔性防水，外包防水采用全外包防水卷材，防水构造如图 6-12-1 所示。

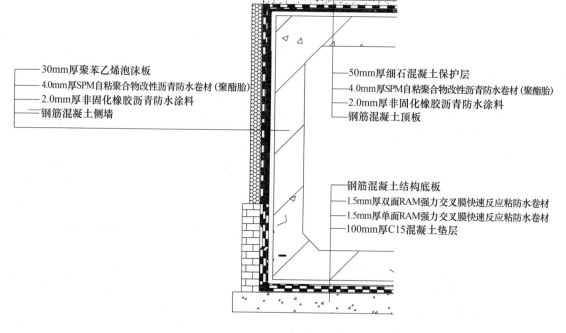

图 6-12-1　管廊防水示意图

1. 混凝土结构自防水

综合管廊采用 C45 防水混凝土，混凝土中氯离子含量不得大于 0.06％，碱含量不得大于 3.0kg/m³，设计抗渗等级 P10。混凝土净保护层厚度：涵内侧 40mm，涵外侧 50mm。管廊上部结构采用 C40 防水混凝土，设计抗渗等级 P8。

2. 底板防水层："宏源牌" 1.5mmRAM 强力交叉膜快速反应粘防水卷材（P 类、单面）＋1.5mmRAM 强力交叉膜快速反应粘防水卷材（P 类、双面，GB/T 23457—2009）。

3. 侧墙、顶板防水层："宏源牌" 4.0mmSPM 自粘聚合物改性沥青防水卷材（I型，聚酯胎，GB 23441—2009）＋2.0mmNRC 非固化橡胶沥青防水涂料（Q/0783WHY003—2012）。

4. 施工缝及变形缝防水处理

变形缝、施工缝为防水施工的重点控制部位，防水方案见表6-12-1、表6-12-2。

表6-12-1 变形缝防水方案

施工方法	防水等级	顶板变形缝	侧墙、地板变形缝
综合管廊共同沟	一级设防	50mm 遇水膨胀橡胶止水带 PE 衬垫板 50mm 双组分聚硫密封膏 中置式钢边橡胶止水带 50mm 双组分聚硫密封膏 PE 衬垫板	50mm 遇水膨胀橡胶止水带 PE 衬垫板 50mm 双组分聚硫密封膏 中置式钢边橡胶止水带 50mm 双组分聚硫密封膏 PE 衬垫板

表6-12-1 施工缝防水方案

施工方法	防水等级	侧墙施工缝
综合管廊共同沟	一级设防	3×400 镀锌止水钢板

四、防水施工技术

1. 防水施工原则

（1）确保安全原则。安全生产是企业永恒的主题，发展的基础，施工生产永远将安全生产放在第一位。

（2）确保质量原则。严格按照施工设计图及相关规范、规程和技术标准进行施工。

（3）确保工期原则。根据本标段的工期要求，编制科学、合理、周密的施工方案，合理安排进度，实行网络控制，搞好工序衔接，实施进度监控，确保实现工期目标，满足工期要求。

（4）文明施工原则。严格按照住房建设部《建设工程施工现场管理规定》和深圳市文明施工管理规定组织施工。

（5）以职业健康及环境保护的原则。重视环境的保护，控制大气、水和噪声等污染以及职业健康、安全和卫生。

（6）严格遵守规范、标准的原则。严格执行施工过程中涉及的相关规范、规程和技术标准。贯彻执行国家和地方政府的方针政策、法律法规。

2. 防水施工准备

（1）技术准备

① 在工程开工前组织现场施工人员熟悉图纸，明确本工程的内容，分析工程特点及重要环节，核对本工程各种材料的种类、规格、数量，是否齐全，规定是否明确。

② 防水材料进场时必须有产品合格证和产品检验报告，进场后在监理工程师的见证下取样、送检，合格后方可在工程中使用。

③ 卷材防水层所用的基层处理剂、密封材料等配套材料，均应与铺贴的卷材材料相容。

（2）施工现场准备

① 场地平整、表面坡度应符合设计和施工要求。

② 做好现场卫生、文明的宣传、管理，各种材料、设备进出场需轻放、轻堆。

（3）材料、工具准备

① 主材

"宏源牌" 1.5mmRAM 强力交叉膜快速反应粘防水卷材（P 类、单面）；

"宏源牌" 1.5mmRAM 强力交叉膜快速反应粘防水卷材（P 类、双面）；

"宏源牌" NRC 非固化橡胶沥青防水涂料（Q/0783WHY003—2012）；

"宏源牌" 4.0mmSPM 自粘聚合物改性沥青防水卷材（Ⅰ型，聚酯胎，GB 23441—2009）。

② 辅材：基层处理剂等。

③ 工具：非固化橡胶沥青防水涂料专用喷涂设备，扫帚、拖布、毛刷、料桶、刮板、灰刀、滚筒等。

3. 主要防水施工方法

（1）工艺流程

① 底板防水

清理基层→定位、弹基准线→铺贴 1.5mm 单面反应粘防水卷材（自粘面朝上，交叉膜朝下）＋1.5mm 双面反应粘防水卷材→辊压、排气→铺贴卷材附加加强层→组织验收→保护层施工。

② 侧墙及顶板

基层清理→涂刷基层处理剂→喷涂或刮涂 2.0mm 非固化橡胶沥青防水涂料同时铺贴 4.0mm 自粘聚合物改性沥青防水卷材（聚酯毡胎体）→辊压、排气→收头处理及搭接→组织验收→保护层施工。

（2）防水施工要求

① 施工时环境温度宜为 5℃～35℃ 之间，不宜在特别潮湿且不通风的环境中施工。施工现场应有良好的通风条件。

② 防水层施工前必须将表层上的尘土、砂砾、碎石、杂物、油污和砂浆等突起物清除干净。

③ 防水基层必须平整牢固，不得有突出的尖角、凹坑和表面起砂现象，表面应清洁干燥，转角处应根据要求做半径为 50mm 的圆弧角。

④ 立面打底涂：基层表面清理干净验收合格后，将专用基层处理剂均匀涂刷在基层表面，涂刷时按一个方向进行，厚薄均匀，不漏底、不堆积，晾放至指触不粘即可。

⑤ 搭接要求：相邻卷材的短边搭接不小于 100mm，长边搭接不小于 80mm。

⑥ 接头位置：相邻两边的短边接缝应相互错开 100mm 以上，如图 6-12-2 示。

（3）底板防水施工

① 基层要求

垫层厚 100mm，采用 C15 混凝土浇注，随浇随抹平、压光，达到防水基层要求，浇注完成的混凝土及时进行养护。

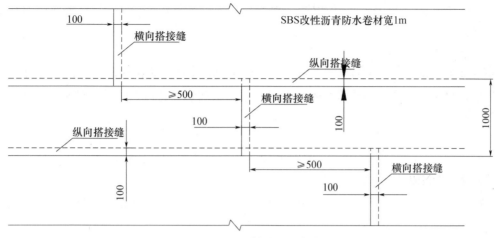

图 6-12-2 卷材铺贴搭接示意图

② 底板大面积铺贴卷材

弹线、试铺：按实际搭接面积弹出粘贴控制线，严格按粘贴控制线试铺及实际粘铺卷材，以确保卷材搭接宽度在 80mm 以上（卷材上有标志）。根据现场特点，确定弹线密度，以便确保卷材粘贴顺直，不会因累积误差而出现粘贴歪斜的现象。卷材应先试铺就位，按需要形状正确剪裁后，方可开始实际粘铺。

首层铺设铺贴 1.5mm 单面反应粘防水卷材，自粘卷材与基层空铺，即卷材自粘面朝上，交叉膜朝下。短边搭接宽度为 100mm，长边搭接宽度为 80mm。

第二层铺设 1.5mm 双面反应粘（层压交叉膜）防水卷材，卷材与卷材之间为满粘方式铺设，掀剥隔离纸与铺贴卷材同时进行。

铺设方式：施工时打开整卷卷材，先把卷材展开，调整好铺贴位置，将卷材的末端先粘贴固定在基层上，然后从卷材的一边均匀地撕去隔离膜（纸），边去除隔离膜边向前缓慢地辊压、排除空气、粘结紧密。滚铺时不能太松弛；铺完一幅卷材后，用长柄滚刷，由起端开始，彻底排除卷材下面的空气，然后再用大压辊或手持式轻便振动器将卷材压实，粘贴牢固。

上层卷材纵横接缝与下层卷材接缝宜相互错开 1/3～1/2 幅宽，且两层卷材不得相互垂直铺贴。

③ 铺贴附加层：第二层双面自粘卷材铺设完毕后，在平立面交接的阴阳角部位加铺一层同质卷材附加层，宽度为 300～500mm。附加层施工必须粘贴牢固，施工要细心。项目质检员对此部位专门做隐蔽工程检查。

④ 在进行侧墙结构施工时，严禁因破坏或尖锐物穿透防水层。

（4）侧墙及顶板防水施工

① 基层处理：基层应平整坚实，如有空洞、浮灰、钢筋头等应进行清理或处理，顶板应随浇随抹平、压光，侧墙与顶板结构相连的阳角抹成圆弧；基层干燥，含水率小于 9%。

② 涂刷基层处理剂：把冷底子油涂刷在干净干燥的基层表面上，复杂部位用油漆刷刷涂，要求不露白，涂刷均匀。涂层干燥 4h 以上至不粘脚后方可进行下道工序。

③ 附加层施工：在上部顶板与立面交接的阳角部位、立面墙与平面交接处做附加层处理，附加层宽度为 300～500mm。

④ 待附加层施工完后，打开非固化沥青橡胶防水涂料加热料罐，预先将非固化橡胶沥青防水材料倒入料灌中加热，待涂料整体温度达到可喷涂状态时（150℃），喷涂或刮涂非固化沥青橡胶沥青防水涂料，一次成型，厚度为 2.0mm。

⑤ 防水层施工方式：非固化橡化沥青作为自粘防水卷材的胶粘剂，每次涂布宽度应比自粘防水卷材宽度稍宽。一边涂布防水涂料，一边滚铺防水卷材，铺贴卷材从一头按住自粘卷材并揭掉隔离膜，均匀向前铺贴，刮平，赶出气泡，长边搭接宽度不得小于 80mm，短边不得小于 100mm。

⑥ 大面积卷材排气、压实后，再用手持小压辊对搭接部位进行碾压，从搭接内边缘向外进行辊压，排出空气，粘贴牢固。

粘贴后，受阳光暴晒，可能会出现轻微表面皱褶、鼓泡，这是正常现象，不会影响其防水性能，并且一经隐蔽即会消失。

防水层应尽快隐蔽，不宜长时间暴晒。要尽快施工防水保护层。

（5）接缝防水材料施工技术要求

接缝防水材料包括中置式钢边橡胶止水带、遇水膨胀止水胶、聚硫密封膏、衬垫板材料等。

① 中置式钢边橡胶止水带施工技术要求

中置式钢边橡胶止水带为变形缝用止水带。止水带宽度均为 350mm，钢板为镀锌钢板，厚度为 10mm。

止水带采用铁丝固定在结构钢筋上，固定间距 400mm。要求固定牢固可靠，避免浇注和振捣混凝土时固定点脱落导致止水带倒伏、扭曲影响止水效果。

水平设置的止水带均采用盆式安装，盆式开孔向上，保证浇捣混凝土时止水带下部的气泡顺利排出。

止水带的现场接头不得设置在距结构转角两侧各 500mm 范围内，现场接头应尽可能少，现场接头应采用热硫化对接。

止水带任意一侧混凝土的厚度均不得小于 150mm，止水带的纵向中心线应与接缝对齐，两者距离误差不得大于 10mm。止水带与接缝表面应垂直，误差不得大于 15°。

浇注和振捣止水带部位的混凝土时，应注意边浇注边用手将止水带扶正。

止水带部位的模板应安装定位准确、牢固，避免跑模、涨模等影响止水带定位的准确性。

止水带部位的混凝土必须振捣充分，保证止水带与混凝土咬合密实，振捣时严禁振捣棒触及止水带。

② 遇水膨胀止水胶

遇水膨胀止水胶指缓膨型聚氨酯遇水膨胀止水胶，为非定型产品，采用专用注胶枪挤出后粘贴在施工缝表面，固化成型后的断面尺寸为（8～10）mm×（18～20）mm。

施工缝表面必须坚实、相对平整，不得有蜂窝、起砂等部位，否则应予以清除。

止水胶任意一层混凝土的厚度不得小于 50mm。

止水胶挤出应连续、均匀、饱满、无气泡和孔洞。

挤出成型后，固化期内应采取临时保护措施，止水胶固化前不得浇注混凝土。

止水胶与施工缝基面应密贴，中间不得有空鼓、脱离等现象。

止水胶接头部位采用对接法连接，不得出现脱开部位。

在止水胶附近进行焊接作业时，应对止水胶进行覆盖保护。

③ 聚硫密封膏

综合管廊共同沟顶板变形缝迎水面、变形缝背水面以及楼板变形缝上表面采用密封胶进行嵌缝时，应采用聚硫密封膏。

（1）嵌缝前，应按照设计要求的嵌缝深度除掉变形缝内一定深度的衬垫板，并将缝内表面混凝土面用钢丝刷和高压空气清理干净，确保缝内混凝土表面干净、干燥、坚实，无油污、灰尘、起皮、砂粒等杂物。变形缝衬垫板表面无堆积杂物。

（2）缝内变形缝衬垫板表面应设置隔离膜，隔离膜可采用 0.2～0.3mm 厚的 PE 薄膜，隔离膜应定位准确，避免覆盖接缝两侧混凝土基面。

（3）注胶应连续、饱满、均匀、密实。与接缝两侧混凝土面密实粘贴，任意部位均不得出现空鼓、气泡、与两侧基层脱离现象。

（4）密封胶表面应平整，不得突出接缝混凝土表面。

（5）嵌缝完毕后，密封胶未固化前，应做好保护工作。

（6）顶板迎水面嵌缝胶必须与侧墙外贴式止水带密贴粘贴牢固。

4. 节点防水构造处理

（1）变形缝

① 底板变形缝

底板变形缝防水构造应符合图 6-12-3 的要求。

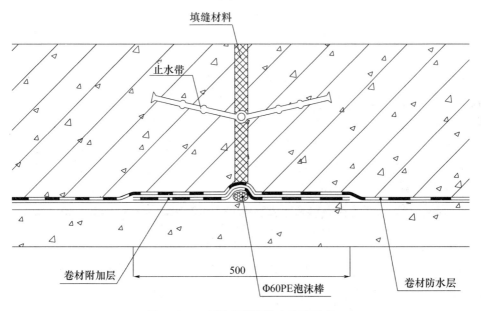

图 6-12-3　底板变形缝防水构造示意

② 侧墙变形缝

侧墙变形缝防水构造应符合图 6-12-4 的要求。

③ 顶板变形缝

顶板变形缝防水构造应符合图 6-12-5 的要求。

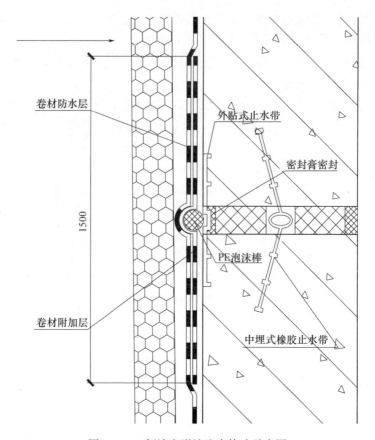

卷材防水层

外贴式止水带

密封膏密封

1500

PE泡沫棒

卷材附加层

中埋式橡胶止水带

图 6-12-4　侧墙变形缝防水构造示意图

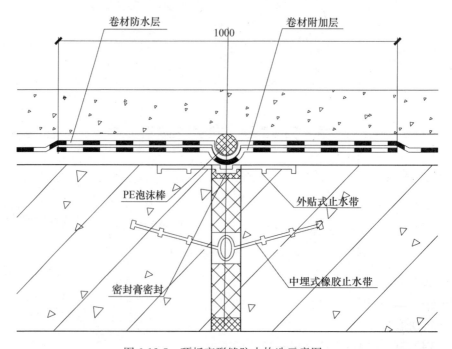

卷材防水层

1000

卷材附加层

PE泡沫棒

外贴式止水带

密封膏密封

中埋式橡胶止水带

图 6-12-5　顶板变形缝防水构造示意图

（2）顶板转角

顶板转角部位防水构造应符合图 6-12-6 的要求。

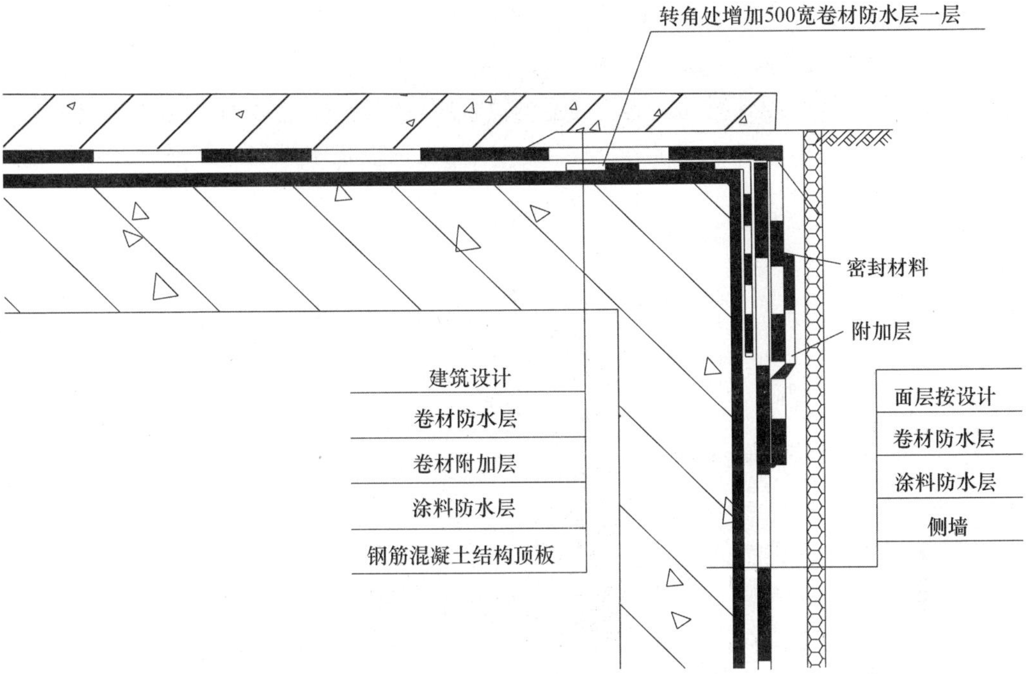

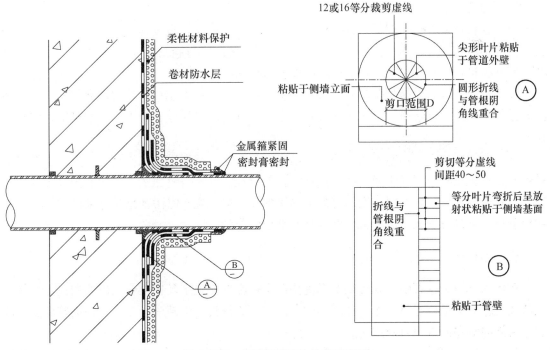

转角处增加500宽卷材防水层一层

密封材料

附加层

建筑设计
卷材防水层
卷材附加层
涂料防水层
钢筋混凝土结构顶板

面层按设计
卷材防水层
涂料防水层
侧墙

图 6-12-6　顶板转角部位防水构造示意图

（3）穿墙套管

穿墙套管采用刚性防水套管，防水构造应符合图 6-12-7 的要求。

柔性材料保护

卷材防水层

金属箍紧固
密封膏密封

12或16等分裁剪虚线

尖形叶片粘贴
于管道外壁

粘贴于侧墙立面

剪口范围D

圆形折线
与管根阴
角线重合

Ⓐ

剪切等分虚线
间距40～50

等分叶片弯折后呈放
射状粘贴于侧墙基面

折线与
管根阴
角线重
合

Ⓑ

粘贴于管壁

Ⓑ

Ⓐ

图 6-12-7　穿墙套管防水构造示意图

（4）施工缝防水

① 侧壁水平施工缝应留在高出底板顶面500mm的位置，施工缝防水构造应符合《地下工程防水技术规范》（GB 50108）规定。

② 按照设计要求，施工缝防水安装钢板止水带，钢板止水带安装完毕后，为防止混凝土振捣时钢板在板墙中内外晃动，还应在适当位置用短钢筋（尽量采用钢筋下脚料）与墙主筋焊接，其间距为500mm，且高低交替布置，以防止钢板止水带向一侧倾斜，保证钢板止水带高度上下各一半。

③ 钢板止水带宽300mm，厚3mm。

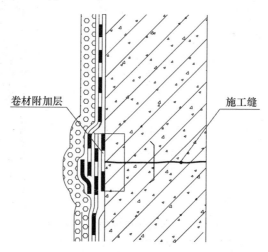

图 6-12-8　施工缝防水构造示意图

5. 应注意的质量问题

（1）卷材搭接不良：接头搭接型式以及长边、短边的搭接宽度偏小，接头处的粘结不密实，接槎损坏、空鼓；施工操作中应按程序弹标准线，使与卷材规格相符，操作中齐线铺贴，使卷材接长边不小于80mm，短边不小于100mm。

（2）空鼓：铺贴卷材的基层潮湿，不平整、不洁净、产生基层与卷材间窝气、空鼓；铺设时排气不彻底，窝住空气，也可使卷材间空鼓；施工时基层应充分干燥，卷材铺设应均匀压实。

（3）管根处防水层粘贴不良：清理不洁净、裁剪卷材与根部形状不符、压边不实等造成粘贴不良；施工时应清理干净，注意操作，将卷材压实，不得有张嘴、翘边、折皱等现象。

（4）渗漏：转角、管根、变形缝处不易操作而渗漏。施工时附加层应仔细操作；保护好接槎卷材，搭接应满足宽度要求，保证特殊部位的质量。

五、结语

在此项目施工过程中，我单位发挥优势，实行标准化施工及标准化队伍的配置，在施工工法及工艺方面更是努力克服各种困难，应用传统的材料，创新施工工艺，现场管理制度严格，最终顺利完成该项目的施工。

该管廊防水工程通过正确选材与精心施工，确保了工程质量，达到了预期的要求和应用效果。

第十三节　北京新机场工作区工程地下综合管廊施工案例

（非固化＋自粘防水卷材复合施工做法）
北京市建国伟业防水材料有限公司

一、工程概况

北京新机场位于北京市南部大兴区，地处大兴区最南端与河北省廊坊市交界处，北距天安门约 50km、距首都机场约 67km，西距京九铁路 4.3km，南距永定河北岸大堤约 1km。综合管廊位于主干三路东侧路下，为 J 线，全长 1011m，三仓管廊，管廊内主要包括热力仓、给水＋中水＋电信仓、电力仓。三仓综合管廊断面为 8m×2.8m。

二、防水设计

1. 防水选材

本工程管廊底板、侧墙、顶板均采用 2mm 厚非固化沥青橡胶防水涂料＋3mmI 型聚酯胎自粘聚合物改性沥青防水卷材。

2. 构造做法

根据本工程不同施工部位防水层做法见表 6-13-1

表 6-13-1　综合管廊不同施工部位防水层做法

施工部位	工序	设计材料	施工方法
综合管廊顶板、侧墙、底板	第二道	3mmⅠ型聚酯胎自粘聚合物改性沥青防水卷材	干粘法
	第一道	2mm 厚非固化沥青橡胶防水涂料	喷涂

3. 产品主要性能

"魏各庄建国"牌 WJG-智水者 ZSZBAC910 自粘聚合物改性沥青防水卷材是以自粘聚合物改性沥青为基料，采用聚酯胎基增强的，以高密度聚乙烯膜或聚酯膜等作为上表面材料（或无膜），可隔离的涂硅隔离膜或涂硅隔离纸为下表面（或双面）防粘隔离材料制成的防水卷材，简称自粘防水卷材。加入特殊的低温软化剂的自粘防水卷材，可用于低温施工。

"魏各庄建国"牌 WJG-380 非固化沥青橡胶防水涂料是一种具有优异弹塑性能、自愈性能、粘结性能和耐老化性能的新型防水材料。它与卷材复合使用可满足不同气候环境下、不同工程的施工要求，具有抗疲劳性、蠕变性、不窜水性等其他沥青防水涂料无法比拟的综合应用性能，而且，很好地解决了复合防水中涂料和卷材结合的问题。非固化橡胶沥青防水涂料既是一种全新概念的防水涂料，它与防水卷材皮肤式的复合防水做法，是"集成式"创新防水理念，很适用于地下综合管廊防水工程。

三、管廊施工

1. 工艺流程

（1）施工工艺流程

清理基层→细部处理→卷材试铺、喷涂非固化涂料（专用设备预先加热）→检查厚度→

铺贴3mmI型聚酯胎自粘聚合物改性沥青防水卷材→质量验收→保护层施工。

（2）清理基层

① 清除基层表面杂物、油污、浮砂，突出表面的石子、砂浆疙瘩等。

② 水平构件的阴阳角用水泥砂浆抹成圆弧角，阴角最小半径50mm，阳角最小半径20mm。

（3）细部处理

节点细部处理应按规范要求，对节点部位进行加强处理，如阴阳角、变形缝、后浇带等设加强层处理。

（4）卷材试铺、喷涂非固化涂料（专用设备预先加热）

涂料在料罐中加热，待涂料整体温度达到可喷涂状态时（120～160℃），开启喷枪进行试喷涂，达到正常状态后，进行大面积喷涂施工，同层涂膜的先后搭压宽度宜为30～50mm。调整喷嘴与基面的距离及喷涂设备压力，使喷涂的涂层厚薄均匀。喷涂作业面的幅宽应大于卷材或保护隔离材料宽100mm左右。

（5）检查厚度

喷涂完一定面积后，在铺贴3mmI型聚酯胎自粘聚合物改性沥青防水卷材前采用针测法检测涂层厚度。若厚度不达标或局部需要强化，可以用手工涂刮的方式补充，喷涂施工宜分段分区完成。

（6）铺贴3mmI型聚酯胎自粘聚合物改性沥青防水卷材

喷涂后，及时覆盖防水卷材，避免现场中过多的灰尘粘结于涂料表层降低涂料与防水卷材的粘结性，卷材搭接宽度为100mm，搭接部位采用冷粘型式，涂料刮涂于卷材搭接宽度范围内，搭接卷材后需要用压辊辊压，施工完毕经验收合格，可进行后序保护层施工。

（7）质量验收

施工完成后及时验收。

（8）保护层施工

复合防水层施工完毕，经质量验收合格后，应及时按设计要求做施工保护层。

2. 施工节点处理

（1）阴阳角细部节点处理

自粘聚合物改性沥青防水卷材做加强处理，附加层宽度为500mm，卷材在两面转角、三面阴阳角等部位进行增强处理，平立面平均展开。附加层处理方法是先按细部形状将卷材剪好，在细部视尺寸、形状合适，待附加层非固化防水涂料薄涂完毕，即可立即粘贴牢固，附加层要求无空鼓，并压实铺牢。

（2）底板地下室后浇带节点处理

在后浇带位置铺贴自粘聚合物改性沥青防水卷材做附加增强层，顶板后浇带如图6-13-1所示。

（3）顶板变形缝节点处理如图6-13-2所示。

3. 质量验收标准

（1）复合防水层质量验收时应提交下列技术资料：

① 防水设计图及会审纪录，设计变更洽商单。

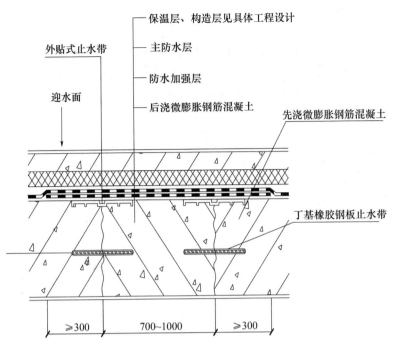

图 6-13-1　顶板后浇带节点处理

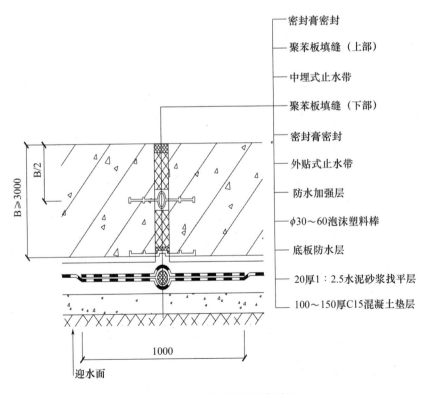

图 6-13-2　顶板变形缝节点处理

② 防水施工技术方案。

③ 防水施工安全、技术交底书。

④ 防水材料质量证明文件：出厂合格证、材料质量检验报告、现场见证取样复验报告。

⑤ 中间检查记录：分项工程质量验收记录、隐蔽工程质量验收记录、施工检查记录。

⑥ 施工单位资质证书及操作人员上岗证。

⑦ 卷材厂家生产许可证复印件。

（2）复合防水层表面应平整、顺直、无折皱。

（3）卷材铺贴方向应符合设计要求。

（4）复合防水层应按防水面积每 100m² 抽查一处，每处应为 10m²，且不得少于 3 处。细部构造应全数检查。

第七章　城市综合管廊防水工程推荐企业

北京东方雨虹防水技术股份有限公司

北京东方雨虹防水技术股份有限公司，股票简称：东方雨虹，股票代码：002271，是国家高新技术企业，拥有国家认定的企业技术中心、博士后科研工作站，已在中国建设15家生产基地，主营建筑防水业务。2016年营业收入超70多亿元，销售各类防水卷材过亿 m^2，防水涂料近20万t，防水施工面积近3000 m^2。公司旗下拥有雨虹、卧牛山、天鼎丰、风行、华砂等品牌，投资涉及非织造布、建筑节能、砂浆和能源化工等多个领域。

东方雨虹防水系列包括改性沥青防水卷材、SAM自粘防水卷材、合成高分子防水卷材（TPO、HDPE等）、防水涂料（聚氨酯、丙烯酸、非固化橡胶沥青防水涂料等）、防水砂浆（聚合物防水砂浆、防水灰浆、水泥基渗透结晶等）、MS建筑密封胶等。作为系统防水解决方案的提供者，东方雨虹将各种雨虹专项防水系统成功应用于包括房屋建筑、高速公路、城市道桥、地铁及城市轨道、高速铁路、机场、水利设施等众多领域。东方雨虹防水系统优良的应用效果，获得用户及社会各界高度评价。

随着东方雨虹国际化战略的全面实施，正在实现世界东方雨虹的梦想，成就世界防水行业五强的目标，全力为构筑和谐人居贡献力量，全面践行"为人类为社会创造持久安全的环境"的企业使命。

电话：010-59031800　400-779-1975

邮箱：yuhong@yuhong.com.cn

地址：北京市朝阳区高碑店北路康家园4号楼

东方雨虹所有产品具体详情见东方雨虹官方网站 www.yuhong.com.cn。

远大洪雨（唐山）防水材料有限公司

北京远大洪雨集团成立于20世纪90年代，在改革开放政策的推动和国家经济发展的引领下，始终致力于防水行业及相关建筑工程材料的研发、生产、销售、施工和综合服务。目前集团旗下控股四家公司，其中，远大洪雨（唐山）防水材料有限公司、北京远大洪雨防水材料有限责任公司主要开展各类防水材料的研发制造；北京远大洪雨防水工程有限公司以及2013年完成收购的北京市安达亿防水工程有限责任公司为建筑工程企业，主要在全国范围内参与各类防水工程项目招投标并开展施工服务。

公司自创建以来，始终秉承"创名牌产品，走品牌战略"的发展理念，实事求是，稳健务实，立足于建筑行业，以建材领域为平台，逐步形成覆盖全领域、贯穿产业链的综合性集团企业。

远大洪雨强力交叉膜自粘防水卷材是公司主要产品之一。

1. 材料概况

远大洪雨快速反应粘强力交叉膜自粘防水卷材由远大洪雨（唐山）防水材料有限公司以一种特制的交叉层压高密度聚乙烯（HDPE）强力薄膜与优质的高聚物自粘橡胶沥青经特殊工艺复合而成的高性能、冷施工的自粘复合膜防水卷材，具有优异的尺寸稳定性，热稳定性，抗紫外线性能和双向耐撕裂性能。

2. 产品特点

（1）强力双层叠加薄膜，具有更高的撕裂强度和尺寸稳定性，防水性能更优于普通薄膜。

（2）纵横网状结构设计有效解决了高分子薄膜在施工后容易起皱起鼓的现象。

（3）耐高低温性能优异，能适应炎热和寒冷地区的气候变化。优异的延伸性和抗拉性能适应结构基层的变形。

（4）优质压敏反应自粘胶层的自愈性能和局部锁水性能大大减少渗漏几率。

（5）有独特的抗穿刺性、自愈性和持续的抗撕裂性能，钉杆水密优异。

（6）实现更安全的干铺密封性能。

3. 工期更快

（1）胶层间具备水中粘合的特性，实现卷材小雨中施工，潮湿基面施工，大雨后可立即进行防水施工，工期不受天气影响。

（2）防水施工工期"零"等待，远大洪雨强力交叉膜自粘防水卷材施工完毕即可进行后续工艺施工，执行空铺反粘的施工要求，不会因阴雨天气的影响而停工。与传统防水材料相比，可节省工期 3/4 以上。

全国统一电话：400-002-1859

企业邮箱：yuandahongyu@163.com

地址：天津市宁河县芦台经济开发区

网址：www.ydhyfs.com

科顺防水科技股份有限公司

科顺防水科技股份有限公司成立于 1996 年，总部设在广东顺德，是一家集建筑防水材料研发、制造、销售、技术服务和防水工程施工于一体的高新技术企业。目前是中国建筑防水协会副理事长单位，连续五年位列"房地产 500 强首选防水材料品牌"前两名。

科顺防水现有工程防水品牌"CKS 科顺"，民用建材品牌"ELOKT 依来德"及堵漏维修品牌"ZT 筑通"。产品涵盖卷材、涂料、刚性防水材料、止水堵漏材料、干粉砂浆、防排水板等 6 大类 100 多个品种，可为客户提供"一站式"建筑防水解决方案。

科顺防水已建成华北、华东、华南三大生产及研发基地，现年产能为：防水卷材 1 亿 m^2，防水涂料 80000t，防排水板 1000 万 m^2，干粉砂浆 50000t。目前正在山东德州、重庆长寿、江苏南通分别建设全新生产基地，全面投产后 500km 运输半径内覆盖人口将超 10 亿。

科顺防水旗下拥有深圳市科顺防水工程有限公司（具备国家一级防水施工资质）、佛山市科顺建筑材料有限公司、北京科顺建筑材料有限公司、昆山科顺防水材料有限公司等9家全资子公司，并先后在深圳、广州、北京、上海、重庆、南宁、天津成立7家销售分公司，在各大省会及重点城市设置若干办事处，在全国范围内拥有600多家经销网点，销售及服务网络已遍及欧洲、澳洲、非洲、东南亚等20多个国家及地区。

科顺研发中心历时数年缔造了一支百余人，囊括博士、硕士、学士的研发团队，年研发经费支出超过公司销售收入的3%。公司与中国科学院、清华大学、中国科技大学、中国建筑材料科学院苏州研究院等多家高校及研究院所签订研发合作协议。目前，公司拥有和正在申请的专利40余项，参编国家或行业标准超过25项，先后被评为全国博士后科研工作站、国家火炬计划重点高新技术企业、省级企业技术中心、广东省博士后创新实践基地和广东省工程技术研究中心。

科顺防水拥有专业施工应用技术人员50余人，年均提供1000多份专业防水解决方案，为300多个施工现场提供技术咨询和施工指导；拥有工程管理人员100多人，年均服务项目超100个；启动"蓝·领袖"职业防水人才培养计划，并建成华南最大的防水工职业技能培训基地，年均培训超过1000人次。

科顺的防水产品及解决方案广泛应用于多个国家与城市标志性建筑、市政工程、交通工程、住宅商业地产及特种工程等领域。与此同时，公司已经先后与恒大地产、万达地产、保利置业、碧桂园、金地集团、华夏幸福基业等知名房企确定了战略合作关系并成为其核心供应商。

电话：010-88400650/51/52

传真：010-88400653

邮箱：houj@keshun.com.cn

地址：北京市大兴区金星西路6号兴创大厦10层1004室（驻京办）

唐山德生防水股份有限公司

唐山德生防水股份有限公司始建于2000年，自创立之初，"系统解决建筑渗漏难题，肩负中国防水事业责任，树立世界防水事业标杆"就成为企业矢志不渝追逐的梦想。

经过十几年的积累与沉淀，德生防水已迅速发展成为一家集防水材料研发、生产、销售、施工为一体的规模化、集团化公司。集团包括唐山德生、天津禹红、新疆德生建科等全资子公司，总占地面积近30万 m²，具有年产 SBS、自粘等沥青类卷材8000万 m²，TPO、TPE 等高分子类卷材2000万 m²，非固化、聚氨酯、JS 等防水涂料类产品5万 t 的生产能力，销售网络覆盖全国，产品出口到美国、韩国、俄罗斯等国家。

德生防水的产品覆盖防水卷材、防水涂料、沥青瓦三大种类，八大系列。其中，禹红沥青瓦开拓了中国防水行业的先河；创新型产品——双防连系列 TPO 自粘复合防水卷材的研发和生产成为世界首创，标志着第三代防水卷材的诞生；TPE 高分子自粘胶膜凭借其高性价比，是地下底板防水的最佳选择；独有专利技术的彩钢自粘防水卷材，彻底解决了钢结构屋面防水的世界性难题。

2015 年 8 月 19 日，唐山德生防水股份有限公司（以下简称德生防水）成功地在新三板挂牌上市（股票名称：德生防水，证券代码：833336），德生防水的上市具有里程碑的意义，挂牌上市能够快速打开企业的融资渠道，加快推进依托互联网思维打造的商业模式进程，为公司后续资本运作打下扎实基础。

德生防水一贯坚持自主知识产权开发和应用，致力于打造拥有核心技术的创新型产品和施工工法，至今已经参与起草、制定十余项国标、行标，取得多项美国及欧盟专利、数十项国家专利，完成数项省市级科技成果。

集团自成立以来，获得了以下重要荣誉：

国家高新技术企业；

中国建筑材料认证（CTC）；

中国铁路产品认证（CRCC）；

中国建筑防水行业企业信用评价 AAA 级。

电话：0315-5503703

传真：0315-5508555

邮箱：tsdsfs@126.com

地址：唐山市高新区老庄子镇小城子村北

潍坊市宏源防水材料有限公司

宏源防水集团始创于 1996 年，是集科研、生产、设计、销售、服务于一体的新型建筑防水材料制造企业，是专业防水系统供应商，是国家高新技术企业、是国内防水行业领军企业之一。

"宏源防水"下辖潍坊市宏源防水材料有限公司、四川省宏源防水工程有限公司、江苏宏源中孚防水材料有限公司、吉林省宏源防水材料有限公司、广东宏源化工建材有限公司五大生产基地以及拥有防水防腐保温工程专业承包一级资质的潍坊宏源防水工程有限公司。

"宏源"公司产品涵盖铁路、道桥、市政、民建、工业、军工等所有防水领域，涉及 9 大系列、100 多个品种，实现了防水品种全覆盖、功能全满足的产品链。产品同时出口到东南亚、欧洲、美洲以及非洲等 33 个国家和地区。

公司一直坚持走自主创新与产学研合作相结合的创新发展模式，不断加强创新平台建设，目前建有省级企业技术中心、省级工程技术研究中心、山东省"一企一技术"研发中心、潍坊市重点实验室、潍坊市工程实验室、中国建筑防水标准化实验室等创新平台，并先后与中国建筑科学研究院建筑材料研究所、苏州防水研究院等国内知名院所建立了长期合作关系，合建了中国建筑材料科学研究总院——宏源防水研发应用中心、建研建材宏源防水技术与装备研发中心、建研建材宏源防水技术与装备实验基地等合作平台，为公司科研开发、技术创新、品牌建设等提供了坚实的技术支持，并首批入选"山东省科技型中小微企业信息库"。

公司始终把科技创新作为企业发展的源动力，通过采取多重并举的措施不断加强知识产权建设及技术创新、成果转化工作，不断提升公司的整体科研水平及核心竞争力。公司先后承担国家火炬计划项目 1 项，山东省技术创新项目计划 36 项，潍坊市科技发展计划项目 1 项，寿光市科技发展计划项目 2 项；1 项成果通过住建部科技成果评估，4 项成果通过山东省科技厅组织的科技成果鉴定，29 项成果通过了山东省经信委组织的新产品新技术鉴定；宏源防水累计申请国家专利 104 项，其中发明专利 63 项、实用新型专利 41 项，获得授权国家专利 51 项，其中发明专利 10 项；共获得市级以上科技进步奖、优秀成果、优秀新产品等 25 项；参与制定国家、行业标准 30 余项，发表高水平论文 40 余篇。

宏源防水经过 20 年的发展已蜚声国内外，在业界树立了良好的口碑，公司先后被授予"国家住宅产业化基地""火炬计划国家重点高新技术企业""中国建材行业 500 强""AAA 企业信用等级""保障性住房建设优质供应商""中国建筑防水行业知名品牌""中国建筑防水行业质量金奖""建筑防水行业技术进步一等奖""中国建筑防水行业领军企业""全国房地产总工优选品牌产品"。

单位电话：010-67855018

单位传真：010-67855798

邮箱：wangyufen@hongyuan.cn

单位地址：北京·亦庄·荣华南路 2 号大族广场 T2 座 11 层

常熟市三恒建材有限责任公司

常熟市三恒建材有限责任公司为股份制中型企业，拥有三十年开发、生产、销售和施工高分子防水材料的丰富经验。公司先后获得全国化学建材工业先进集体、江苏省高新技术企业、江苏省 AAA 级重合同守信用企业、中国建筑防水协会信用等级评价 AAA 企业等称号，是国内高分子防水材料行业中的骨干企业。

三恒公司拥有高分子橡胶类、塑料类、改性沥青类、涂料类等四大类百多种规格的防水产品，年生产能力达 5000 万 m^2。产品主要适用于建筑物的屋面及地下室防水及冶金、化工、水利、盐池、尾矿、铁路、高铁、高速公路等防水防渗工程。

近年来，三恒公司倾力打造绿色环保类防水产品，成功开发的新型丁基橡胶自粘防水卷材了，既能满足建筑防水耐久性高的要求，且施工简便高效、绿色环保。这是目前国内防水市场上真正意义的新一代绿色环保材料，为绿色建筑首选防水材料。产品取得了《绿色建筑选用产品证明商标准用证》，并被入选为首批《绿色建筑选用产品导向目录》。

"水貂"产品获中国建筑防水材料行业知名品牌产品 20 强，建设部科技成果重点推广项目，中国建材联合会、住建部推荐建材产品，江苏省高新技术产品等荣誉。

电话：0512-52358935

传真：0512-52798810

E-mail：470309718@qq.com

分公司地址：北京市丰台区刘家窑南里 13 号院 6 号楼 2－618 室

总部地址：江苏省常熟市常昆工业园南新路 22 号

广西金雨伞防水装饰有限公司

广西金雨伞防水装饰有限公司，是国家高新技术企业，专业从事混凝土建筑密封防水产品的研发、生产与销售，擅长为建设方提供混凝土建筑整体与节点密封防水系统的解决方案，是国家重点防水产品生产基地。

金雨伞防水公司生产基地占地 110 多亩，目前在职员工 300 多人，园区内有卷材生产线 8 条，密封膏生产线 3 条，防水卷材年产能达到 1 亿 m^2，防水密封膏年产能 5 万 t，是世界最大的单体反应粘防水材料生产基地之一。

公司下设 20 多个办事处，创造了全国连锁标准化的客户体验服务模式；在全国 30 多个中心城市建设有 30 多个国家重点新产品应用示范基地；在全国 300 多个中心城市建立了 300 多个"CPS 反应粘建筑防水体验中心"，布局 600 辆防水 123 服务车，为客户提供从选材、质量监控、设计方案优化等专业防水集成服务，让客户做到合理防水、合理投资。

技术创新（密封防水技术）：金雨伞开创混凝土密封防水新技术，颠覆传统遮挡式防水。目前在该领域已经拥有 150 多项专利，形成混凝土密封防水的核心竞争力。"密封防水"已经成为金雨伞战略发展的核心标志之一。

服务创新（体验中心模式）：在全国 300 多座中心城市建立了 300 多个建筑防水体验中心，1 座城市，1 个体验中心，1 个合作者。体验中心是国内首创的营销创新模式，通过这种"看得见、摸得着、带得走"的体验模式，让客户体验防水、认识防水、重视防水。

管理创新（目视化管理平台）：公司推行目视化管理，通过"1 个目标 1 个标准，100％同圆执行"的模式，让管理变得简约、严格、实用，迅速快捷地传递信息。这就是金雨伞开发市场的模式，一种可复制推广的模式。目前"防水施工大学"已进入数千个工地中，大大促进了客户防水工程质量的提升。

中国专利优秀奖和国家重点新产品生产基地：

CPS 反应粘技术是对混凝土密封防水技术的突破。

金雨伞 CPS 反应粘技术是全国防水卷材中最重要的一项获得中国专利优秀奖的技术。

国家重点新产品——国内湿铺防水卷材（专利号 200910114456.X）获中国专利优秀奖（国知法管字［2014］63 号）。

南宁市长质量奖——公司品质质量的重要体现。南宁市长质量奖是政府对金雨伞品质的认可，是继中国专利优秀奖、国家重点新产品、国家质量提升示范企业之后金雨伞的又一重大荣誉。

电话：0771-5623151

网址：www.jysfs.com

地址：南宁市兴宁区三塘镇金雨伞科技园

北京圣洁防水材料有限公司

北京圣洁防水材料有限公司成立于 1999 年。经过近二十年的努力拼搏、创新，圣洁防水已迅速发展成为一家集防水材料研发、生产、销售、施工为一体的规模化公司。

公司注册资金 7000 万元，拥有两条高分子防水卷材生产线和多条防水涂料生产线，年生产防水卷材 1600 万 m²，产品为聚乙烯复合防水卷材、自粘型聚乙烯防水卷材等，年生产非固化橡胶沥青防水涂料、喷涂速凝橡胶沥青防水涂料、聚合物水泥（JS）防水涂料、水泥渗透结晶型防水材料、聚氨酯防水材料等数万吨。

公司相继通过了 ISO9001：2008 质量管理体系认证、ISO14001：2004 环境管理体系认证、OHSAS18001：2007 职业健康安全管理体系认证，被评为"建筑防水行业十二强"。

圣洁防水自成立以来，一直把产品质量视为公司参与市场竞争的核心。

公司的施工队伍中，有 50 多名中高级技术管理人员，他们积极倾听客户需求，精心设计施工方案，真诚提供满意服务。我们围绕客户的需求持续创新，提供有竞争力的综合解决方案和服务，为客户创造最大的价值。

公司至今已经参加国标和行业标准 10 多项，如《种植屋面防水施工技术规程》JGJ155、《地下工程防水技术规范》GB 50108、《屋面工程技术规范》GB 50207、《环境标志产品技术要求 防水卷材》HJ 455—2009 等。

公司具有一级建筑防水施工资质，凭借着精湛的专业技术及良好的售后服务，承接了奥林匹克公园、奥运村、奥运丰台垒球场等众多奥运防水工程；承接了北京地铁 5、6、8、9、10、15、16 号线及八通线、亦庄线；深圳地铁 7 号线、北京世园会园区地下综合管廊工程、北京城市副中心行政办公区地下综合管廊工程。承建的防水工程得到了开发商、建设方的一致好评，为国家和北京经济建设做出了优异的贡献。

联系人：杜昕

电话：13601119715

网址：www.bj-shengjie.com

地址：北京市海淀区苏家坨镇柳林村

衡水中铁建土工材料制造有限公司

衡水中铁建土工材料制造有限公司始建于 2001 年，注册资金一亿零一百万元，座落于河北省衡水市北方工业园区，交通便利，地理位置优越，是一家集建筑防水材料研发、生产、销售、服务于一体的高新技术企业。

公司长期与铁科院、交通部规划设计院、清华大学、天津大学、南开大学、湖北工业大学、河北科技大学等 20 多家高等院校和科研机构建立了密切的合作关系，设有专门的研发中心，学习借鉴世界前沿技术，注重新产品研发和新技术引进；相继开发了百余种耐久牌系列防水材料，并获得二十多项国家发明专利、实用新型专利及科学技术成果奖项。

公司始终以提高产品质量为核心，坚持质量第一、诚信为本、持续创新、追求卓越的质量方针，建立了科学完整的质量、环境、职业健康管理体系和保证体系，并首批通过了铁道部 CRCC 及交通部 CCPC 产品体系认证。

公司先后荣获"国家重点新产品""工程建设推荐产品""中国建筑防水行业知名品牌""中国建筑防水企业信用等级证书（AAA 等级）""河北省高新技术企业""河北省认定企业

技术中心""河北省质量效益型企业""河北省信用优秀企业""河北省建筑防水质量金奖""河北省建筑防水行业质量提升标杆企业""河北省保证性安居工程防水材料推荐使用品牌"等多项荣誉。

凭借着"铁肩担大道、砥柱定中流"的精神及"精工细作、制造精品"的质量理念，公司的销售与服务网络已经遍及全国，公司不仅在西北、东南、西南、东北、中原等地建立了独立的区域销售网络，还在销售网络的每条线路上配备了专业化的服务队伍。

公司与房地产行业巨头大连万达集团、阳光100、鑫苑中国、中南地产等全国诸多大中型房地产商、建筑公司建立了长期稳定的战略合作关系。

衡水中铁建土工材料制造有限公司愿以优质的产品和诚实的信誉为广大用户提供优良的服务，为建筑长久保驾护航！

电话：0318-2210026；传真：0318-2210029
邮箱：1046157576@qq.com
地址：河北省衡水市北方工业基地橡塑路1号

北京世纪洪雨科技有限公司

北京世纪洪雨科技有限公司是从事防水材料和混凝土外加剂科研开发、中试、生产、销售的专业公司。下设技术研究所、生产基地、推广中心三大部门。公司总部位于北京市亦庄经济开发区，厂部坐落于北京大兴区西白塔村，占地面积56000平方m^2。

2015年10月27日世纪洪雨（德州）科技有限公司正式成立，注册资金壹亿贰仟万元，注册地址位于山东省德州市乐陵市循环经济示范园四支路，为北京世纪洪雨科技有限公司全资子公司，拥有两条年产1500万m^2 SBS卷材生产线及配套防水产品。

公司生产主要产品有四大类：防水卷材类、防水涂料类、无机堵漏类、混凝土外加剂类。

耐根穿刺防水卷材是世纪洪雨公司隆重推出的又一高新产品。发展种植屋面，打造空中花园是屋顶防水工程的趋势。公司广泛开展技术合作，采用欧洲老牌防水材料厂家的生产工艺和配方，结合中国实际工程情况开发研制，在《种植屋面技术规程》推荐的10种抗根防水卷材中，属于化学阻根——SBS改性沥青抗根防水卷材。具有成本较低、施工简易、抗根阻和防水功效复合的新型防水材料，达到国际同类产品的先进水平，并已通过北京市园林技术研究所的检测。与此同时，为更好地拓展市场，与北京旷野屋顶绿化有限公司达成战略协议，共同发展屋顶绿化市场。

2008年公司投资2000万元开发HY系列聚羧酸盐高性能减水剂，总的存货量达340t，完全可以满足工程使用的需求。

2001年正式成立了北京跨世纪洪雨防水工程有限责任公司，2004、2005年连续两年被北京市工商局评为"诚信企业"。在2016年正式取得防水防腐保温专业承包壹级资质，标志着公司在专业化进程中迈向了至关重要的一步。

在防水产品销售方面，全国下设二十多家分公司、办事处，公司现有主要客户：中集建设集团有限公司、住总建设集团有限公司、蓟港铁路有限公司、北京市烟草公司物资储运公司、北京城建道桥建设集团有限公司、中国新兴建筑工程总公司、山西建筑工程（集团）总公司、北京旷野屋顶绿化有限公司、中国石油化工集团公司等。

公司实施强化管理，率先通过了 ISO9001 质量管理体系认证和 ISO14001 环境管理体系认证、CCC 强制性认证、CRCC 铁路产品认证证书。企业拥有雄厚的人力资源储备，高分子化工高级工程师两名、中级职称工程师 25 名，200 多名专业化防水施工人员，其中 40 多名人员受培于齐鲁石化和武汉理工大学，成为企业的发展的专业化人才。

电话：400-669-0770

地址：北京市亦庄经济技术开发区经海三路 109 号院 5 号楼

北京龙阳伟业科技股份有限公司

北京龙阳伟业科技股份有限公司（简称：龙阳伟业），位于北京市大兴区榆垡工业园区，是 FS101、FS102 等砂浆、混凝土特种外加剂的生产和运营总部，其核心产品已获得国家发明专利。

作为中国建筑地下防水"管理型"企业，龙阳伟业自成立以来，始终立足于结构质量与建筑安全的高度，专注于建筑地下防水工程，构建出建筑地下防水理论架构，实现了技术体系、产品品类、企业类别，尤其是商业模式等多项创新。

2006 年，龙阳伟业自主研发的"FS101、FS102 地下刚性复合防水技术"通过科技成果鉴定，被誉为"国内首创、国内领先"，填补了我国建筑防水领域的一项空白，被住房和城乡建设部列为"2006 年全国建设行业科技成果推广项目"。

2008 年，龙阳伟业被评为"全国建筑业科技进步与技术创新"先进企业，荣获"中关村高新技术企业"和"中国自主创新百强企业"称号，并通过 ISO9001 质量管理体系认证和 ISO14001 环境管理体系认证。

2013 年，在"中国改革与发展论坛暨改革之星推选活动"中，龙阳伟业荣膺"中国改革十大转型升级示范企业"；同年，被中国市场品牌推选委员会授予"中国市场品牌成就奖"。

2014 年 2 月 20 日，全国政协委员调研组走入龙阳伟业，进行"地下渗漏与建筑安全"专题调研并形成了"两会"提案；在"2014 年全国实施用户满意工程先进单位"评选活动中，龙阳伟业被中国质量协会推选为全国十七家"标杆企业"之一。

2015 年，在素有中国地产"奥斯卡"之称的"第十二届中国地产年度风云榜"活动中，组委会特别设立并授予龙阳伟业"中国建筑地下防水第一品牌"奖项。

2016 年，龙阳伟业被中国管理科学研究院授予"全国科技自主创新和企业管理创新示范单位"。

近二十年时间，龙阳伟业将"为工程负责"作为企业第一原则，以"工匠之心"筑造卓越品质，在做好建筑地下防水工程的同时，保障并提升了建筑基础结构质量，始终践行"为中国建筑质量提升做出贡献"的企业使命！

单位联系电话：010-51288585

邮箱：lywy@chinalywy.com

地址：北京市大兴区榆垡工业园榆恒路 6 号

北京中联天盛建材有限公司

中联天盛集团原属于建设部三产企业，于1999年政体分开，改制为民营企业。二十年来，公司始终秉承"用事业凝聚队伍，用科技提升品质，用诚信开拓市场"的企业理念，开拓进取，阔步前行，成长为集防水材料生产、施工、文化创意、国际贸易于一体的集团公司，形成了以北京为中心，以华北为重点、辐射全国的市场格局；确立了集团公司在行业中的地位。

公司通过ISO9001国际质量体系认证、ISO14001环境体系认证、OHSMS18001职业健康安全管理体系认证。先后参加了《国家环境保护标准》《无机纤维保温喷涂规程》《北京市修缮标准》《北京市既有建筑节能改造规程》《建筑构件接缝防水技术规程》《中国防水与保温施工技术》《中国建筑保温防火产品及应用技术》《建筑防水施工技术》《北京房屋修缮验收规程》《建筑构件防水密封规程》等规范、技术标准的制定和教材的主编和参编工作。是中国建筑防水协会会员单位；被国家相关部门授予《质量服务信得过单位》和《全国质量和服务诚信优秀企业》。

公司凭借自身的专业技术优势，成功开发了新建、修缮"完美防水系统"施工体系，获得多项国家专利，并通过建设部科技发展促进中心评估。公司自主研发的多项新产品均获得国家专利，"三合一自粘防水防护卷材"荣获香港博览会金奖。

近年来，公司先后中标了大型公建、住宅小区、地铁和高速公路工程以及城市综合管廊工程等上百项国家及地方重点工程，深受用户欢迎。

单位电话：010-63816580

传真：010-52337822

邮箱：zlts@263.com

地址：北京市通州区潞县镇马头村南

北京普石防水材料有限公司

北京普石防水材料有限公司是一家集研发、生产、销售、施工于一体的专业化防水公司，旗下有北京京城普石防水建材有限公司及北京京城普石防水防腐工程有限公司两家全资子公司，是中国建筑防水协会会员、北京市建设工程物资协会防水材料分会副会长单位、北京建材行业协会化学建材专业委员会副会长单位、聚氨酯防水涂料国家标准参编单位。2010年10月被北京市科委等部门评定为"高新技术企业"。

公司始建于2001年，总投资5000多万元，位于北京市房山区马各庄金马工业园区，占地面积近5万m^2。具备年产25000t涂料、2000万m^2 SBS卷材的生产能力。涂料产品主要包括：喷涂聚脲弹性防水涂料、单组分聚氨酯防水涂料、双组分聚氨酯防水涂料、高速铁路桥面专用高强度聚氨酯防水涂料、丙烯酸防水涂料、聚合物水泥基复合防水涂料、水泥基渗透结晶型防水材料、无机防水堵漏材料等；卷材产品主要包括：弹性体改性沥青防水卷材、自粘聚合物改性沥青防水卷材、塑性体改性沥青防水卷材、种植屋面用耐根穿刺防水卷材等。

我公司拥有雄厚的技术力量，专业技术人才众多。具备完善的质量保证体系，拥有先进的检测仪器。从原材料的验收，生产过程的配料、计量到成品的检验入库、出厂销售等均严格按照 ISO9001 质量管理体系来实施，确保顾客用上合格产品。

由于产品质量良好，获得了很多的荣誉：在 2004、2005 年北京市建材市场专项整治行动中，由于我公司产品质量稳定而受到表彰，连续两年被评为"质量诚信产品"。2011 年 1月，在由北京市建设工程物资协会、北京质量检验认证协会和北京市建设监理协会共同组织的对聚氨酯防水涂料行业产品质量诚信评价中，获得了第一批 A 级产品质量诚信的荣誉。2011 年 11 月，被全国高科技建筑建材产业化委员会品牌评价中心和全国高科技建筑建材产业化委员会房地产专业委员会推选为"中国绿色环保建材产品"，并向全国建筑设计施工单位、装饰装修单位、市政工程、房地产开发商、建材市场、建材经销商推荐。2013 年 10 月～2016年 10 月被北京、天津、河北、山东、辽宁、山西六省市建材行业联合会评定为"环渤海地区建材行业诚信企业 AAA 级"。2014 年 11 月，被北京市建设工程物资协会评定为"北京市建筑材料供应产品质量诚信 AA 级企业"。我公司在北京诚信创建活动中表现突出，2015、2016 年被北京市企业诚信创建活动秘书处及北京市建材行业联合会评定为"北京诚信创建企业"等等。

为了提高新产品的开发力度，公司部分控股河北新材料科技有限公司，成功研发出了非固化橡胶沥青防水涂料及喷涂速凝橡胶沥青防水涂料，将公司产品多元化，建立了立体的防水体系。

我们深知，企业不应该仅仅追求经济效益，还要承担应有的社会责任，为此我们不断加大环保方面的投入，改善生产工艺，选用环保原料，目前已通过 ISO14001 环境管理体系认证以及中国环境标志产品认证。产品经中国疾病预防控制中心职业卫生与中毒控制所"雄性大鼠急性经口毒性试验"，属实际无毒，并被中国建筑装饰装修材料协会评为"无毒害（绿色）防水涂料"。

"普石"人将"干一项工程、树一座丰碑"作为座右铭，时刻提醒自己，为社会奉献完美的防水产品，为人类的生存增添更多的舒适与美好。

我公司愿与国内外公司共同合作，充分发挥我们的优势，共同为我国新型建筑防水材料的发展而努力。

电话：010-56856711/12/16/17/18/19

地址：北京市丰台区大瓦窑中路丰泽家园 12 号楼

北京万宝力防水防腐技术开发有限公司

万宝力（集团）始建于 2000 年，经过十七年的发展，已成为一家技术力量雄厚、工艺装备先进、管理手段科学、产品种类齐全的一流企业。

万宝力下设五个全资子公司：北京万宝力防水防腐技术开发有限公司、北京万宝力防水工程有限公司、河北万宝力防水防腐技术开发有限公司、山东万宝力防水防腐技术开发有限公司、北京东方金奥建筑防水工程有限公司，总注册资金 29596 万元。

万宝力拥有北京、河北、山东（在建）三大生产基地，北京生产基地位于北京市大兴区北臧工业区，占地面积 20000m²，总投资 8000 万元。河北武邑生产基地位于衡水市武邑县开发区，占地 160 亩，总投资 9300 万元。山东德州基地位于山东省德州市平原县，占地 36000m²，计划投资 1.5 亿万元，共拥有六条先进的自动化防水卷材生产线，可生产三大系列、二百多个种类的防水产品，所生产的改性沥青防水卷材系列、高分子防水材料系列、环保型防水涂料系列广泛应用于工业、民用建筑以及铁路、机场、水利、道桥、隧道、地铁等众多领域，发挥着优良的防水堵漏效果，获得用户高度评价。

万宝力现已发展成为集防水材料研发、生产、销售及施工服务于一体的现代化防水企业；是中国建筑防水协会副会长单位、中国建筑防水协会资深会员、北京高新技术企业，并通过了 ISO9001：2008 质量体系、OHSAS18001：2007 职业健康体系、ISO14001：2004 环境体系认证。

业界精英，汇集万宝力。目前，公司中层以上管理人员 70％拥有本科以上学历，一批来自清华、北大、天津大学等名校的博士、硕士以及各类出类拔萃的专业人才，将万宝力的管理提升到了一个全新的水平。

万宝力将继续践行"防水堵漏 我的责任"的企业使命，不断拓展防水新领域、攻克防水新课题，研发低碳、环保、节能新型防水产品，同广大用户共同构建高品质防水体系，让我们的生活环境滴水不漏！

联系人：王帅

电话：13161168855

地址：北京市丰台区西南四环 128 号诺德中心 4 号楼 10 层

北京市建国伟业防水材料有限公司

北京市建国伟业集团简称"建国伟业""建国集团"，是一家集科研、生产、销售、施工及技术服务于一体的现代化专业防水企业；下设北京市建国伟业防水材料有限公司和北京宏兴东升防水施工有限公司，集团旗下六大生产基地，总占地面积约 520 余亩，累计投资逾 10 亿元人民币，集团总注册资本共计 3.51 亿元，年产值 16 亿元，集团总部位于北京市丰台区。建国集团专注建筑防水近三十年，是中国最早的防水企业，也是建筑防水行业的标杆企业，防水材料国内销售连续十余年名列前茅。经过近三十年的励精图治、开拓创新，以强大的生产销售制造研发能力屹立于建筑防水之林。

北京市建国伟业防水材料有限公司，成立于 1989 年 4 月 10 日，注册资金 10006 万元，拥有北京房山、河北望都、河南获嘉、安徽庐江等六家生产基地，拥有各种生产线 50 余条，数量和质量均居全国前列。防水卷材（片材）年生产能力达 2 亿 m²，防水涂料年生产能力达 8 万 t。

子公司北京宏兴东升防水施工有限公司成立于 2001 年 12 月 28 日，注册资金 10003 万元，具有建筑防水工程专业承包壹级资质。公司具有先进的施工设备、强大的技术支持、雄厚的企业实力、完善的服务体系。

建国集团先后通过了 ISO9001 国际质量体系认证、ISO14001 环境管理体系、

OHSAS18001职业健康安全管理体系认证。2012 年通过了中铁检验认证中心的 CRCC 质量体系认证。公司拥有《粘贴式改性沥青防水卷材及配套胶粘剂》、《防水粘胶及其应用》、《防水液体橡胶》等多项发明专利，系国家高新技术企业、中关村高新技术企业。是北京市首批获得《建筑防水企业检验室合格证书》（CLQA）和《中国环境标志产品认证证书》的企业。

目前集团公司生产的各类防水材料：WJG-100 改性沥青类卷材防水系列、WJG-奇宝200 合成高分子卷材防水系列、WJG-300 涂料防水系列、WJG-固封 500 塑料防护排水系列、WJG-根无耐 600 种植屋面用耐根穿刺防水系列、WJG-TG700 粘贴式防水系列、WJG-800大型综合设施防水系列、WJG-智水者 ZSZBAC900 自粘卷材防水系列、HCS 防水卷材系列共几百个品种，覆盖全行业防水材料的 90％以上。

集团公司现拥有员工 1350 人，其中具有高级职称、高级工程师 29 人，中级职称技术管理人员 138 名，各类营销、技术、施工人员 1000 多名，随着建筑防水行业的发展，市场激烈竞争越来越激烈，建国集团全体员工紧随时代脉搏，秉承科技领先、质量为本，以"心无漏则水止"的服务理念，与国管局（中央机关）、万达、恒大、华为、中储粮、远洋地产、绿城、天房集团、隆基泰和新华联集团等数百家知名企业和单位建立了战略伙伴关系。

公司产品在全国 30 多个大中城市设有经销处或代理商，同时产品还远销新加坡、安哥拉、利比亚、苏丹、蒙古等国家和中国的香港、澳门，深得用户的好评和信赖。为了企业发展需要，2016 年公司实现从生产型公司到集团化企业成功转型，从产品生产、材料销售、技术施工、售后服务等一体化全面升级，使公司的发展步入了发展快车道，企业进入一个新的发展时期。

建国集团自成立以来始终秉承"诚信为本、规范经营、内求提高、外求发展"的经营理念，坚持与客户真诚合作、互利双赢、共谋发展的经营策略，树立名牌精品意识，创建和谐发展平台，与广大同仁共成大业，共铸辉煌。

总部地址：北京市丰台区大成南里二区 3 号楼长安新城商业中心 C 座 5 层

24 小时服务热线：4000996971

传真：010-83823870

邮箱：xzb@jgfs.com.cn

网址：www.jianguofangshui.cn

附录 A 《城市综合管廊工程技术规程》 GB 50838—2015（摘要）

1 结构设计

1.1 一般规定

1.1.1 综合管廊土建工程设计应采用以概率理论为基础的极限状态设计方法，应以可靠指标度量结构构件的可靠度。除验算整体稳定外，均应采用含分项系数的设计表达式进行设计。

1.1.2 综合管廊结构设计应对承载能力极限状态和正常使用极限状态进行计算。

1.1.3 综合管廊工程的结构设计使用年限应为 100 年。

1.1.4 综合管廊结构应根据设计使用年限和环境类别进行耐久性设计，并应符合现行国家标准《混凝土结构耐久性设计规范》GB/T 50476 的有关规定。

1.1.5 综合管廊工程应按乙类建筑物进行抗震设计，并应满足国家现行标准的有关规定。

1.1.6 综合管廊的结构安全等级应为一级，结构中各类构件的安全等级宜与整个结构的安全等级相同。

1.1.7 综合管廊结构构件的裂缝控制等级应为三级，结构构件的最大裂缝宽度限值应小于或等于 0.2mm，且不得贯通。

1.1.8 综合管廊应根据气候条件、水文地质状况、结构特点、施工方法和使用条件等因素进行防水设计，防水等级标准应为二级，并应满足结构的安全、耐久性和使用要求。综合管廊的变形缝、施工缝和预制构件接缝等部位应加强防水和防火措施。

1.1.9 对埋设在历史最高水位以下的综合管廊，应根据设计条件计算结构的抗浮稳定。计算时不应计入管廊内管线和设备的自重，其他各项作用应取标准值，并应满足抗浮稳定性抗力系数不低于 1.05。

1.1.10 预制综合管廊纵向节段的长度应根据节段吊装、运输等施工过程的限制条件综合确定。

1.2 材料

1.2.1 综合管廊工程中所使用的材料应根据结构类型、受力条件、使用要求和所处环境等选用，并应考虑耐久性、可靠性和经济性。主要材料宜采用高性能混凝土、高强钢筋。当地基承载力良好、地下水位在综合管廊底板以下时，可采用砌体材料。

1.2.2 钢筋混凝土结构的混凝土强度等级不应低于 C30。预应力混凝土结构的混凝土强度等级不应低于 C40。

1.2.3 地下工程部分宜采用自防水混凝土，设计抗渗等级应符合表 1.2.3 的规定。

表 1.2.3　防水混凝土设计抗渗等级

管廊埋置深度 H（m）	设计抗渗等级	管廊埋置深度（m）	设计抗渗等级
$H<10$	P6	$20 \leqslant H<30$	P10
$10 \leqslant H<20$	P8	$30 \leqslant H<40$	P12

1.2.4　用于防水混凝土的水泥应符合下列规定：

1）水泥品种宜选用硅酸盐水泥、普通硅酸盐水泥；

2）在受侵蚀性介质作用下，应按侵蚀性介质的性质选用相应的水泥品种。

1.2.5　用于防水混凝土的砂、石应符合现行国家标准《普通混凝土用砂、石质量及检验方法标准》JGJ52 的有关规定。

1.2.6　防水混凝土中各类材料的氯离子含量和含碱量（Na_2O 当量）应符合下列规定：

1）氯离子含量不应超过凝胶材料总量的 0.1%。

2）采用无活性骨料时，含碱量不应超过 $3kg/m^3$；采用有活性骨料时，应严格控制混凝土含碱量并掺加矿物掺合料。

1.2.7　混凝土可根据工程需要掺入减水剂、膨胀剂、防水剂、密实剂、引气剂、复合型外加剂及水泥基渗透结晶型材料等，其品种和用量应经试验确定，所用外加剂的技术性能应符合国家现行标准的有关质量要求。

1.2.8　用于拌制混凝土的水，应符合现行国家标准《混凝土用水标准》JGJ63 的有关规定。

1.2.9　混凝土可根据工程抗裂需要掺入合成纤维或钢纤维，纤维的品种及掺量应符合国家现行标准的有关规定，无相关规定时应通过试验确定。

1.2.10　钢筋应符合现行国家标准《钢筋混凝土用钢　第 1 部分：热轧光圆钢筋》GB 1499.1，《钢筋混凝土用钢　第 2 部分：热轧带肋钢筋》GB 1499.2 和《钢筋混凝土用余热处理钢筋》GB 13014 的有关规定。

1.2.11　预应力筋宜采用预应力钢绞线和预应力螺纹钢筋，并应符合现行国家标准《预应力混凝土用钢绞线》GB/T 5224 和《预应力混凝土用螺纹钢筋》GB/T 20065 的有关规定。

1.2.12　用于连接预制节段的螺栓应符合现行国家标准《钢结构设计规范》GB 50017 的有关规定。

1.2.13　纤维增强塑料筋应符合现行国家标准《结构工程用纤维增强复合材料筋》GB/T 26743的有关规定。

1.2.14　预埋钢板宜采用 Q235 钢、Q345 钢，其质量应符合现行国家标准《碳素结构钢》GB/T 700 的有关规定。

1.2.15　砌体结构所用材料的最低强度等级应符合表 1.2.15 的规定。

表 1.2.15　基土的潮湿程度砌体结构所用材料的最低强度等级

基土的潮湿程度	混凝土砌块	石材	水泥砂浆
稍潮湿的	MU10	MU40	M7.5
很潮湿的	MU15	MU40	M10

1.2.16 弹性橡胶密封垫的主要物理性能应符合表 1.2.16 的规定。

表 1.2.16 弹性橡胶密封垫的主要物理性能

序号	项目			指标	
				氯丁橡胶	三元乙丙橡胶
1	硬度（邵氏），度			(45±5) ～ (65±5)	(55±5) ～ (70±5)
2	伸长率（%）			≥350	≥330
3	拉伸强度（MPa）			≥10.5	≥9.5
4	热空气老化	70℃×96h	硬度变化值（邵氏）	≥+8	≥+6
			扯伸强度变化率（%）	≥－20	≥－15
			扯断伸长率变化率（%）	≥－30	≥－30
5	压缩永久变形（70℃×24h,%）			≤35	≤28
6	防霉等级			达到或优于 2 级	

注：以上指标均为成品切片测试的数据，若只能以胶料制成试样测试，则其伸长率、拉伸强度的性能数据应达到本规定的 120%。

1.2.17 遇水膨胀橡胶密封垫的主要物理性能应符合表 1.2.17 的规定。

表 1.2.17 遇水膨胀橡胶密封垫的主要物理性能

序号	项目		指标			
			PZ-150	PZ-250	PZ-450	PZ-600
1	硬度（邵氏 A）（度）		42±7	42±7	45±7	48±7
2	拉伸强度（MPa）		≥3.5	≥3.5	≥3.5	≥3
3	扯断伸长率（%）		≥450	≥450	≥350	≥350
4	体积膨胀倍率（%）		≥150	≥250	≥400	≥600
5	反复浸水试验	拉伸强度（MPa）	≥3	≥3	≥2	≥2
		扯断伸长率（%）	≥350	≥350	≥250	≥250
		体积膨胀倍率（%）	≥150	≥250	≥500	≥500
6	低温弯折（－200℃×2h）		无裂纹	无裂纹	无裂纹	无裂纹
7	防霉等级		达到或优于 2 级			

注：1. 硬度为推荐项目。

　　2. 成品切片测试应达到标准的 80%。

　　3. 接头部位的拉伸强度不低于上表标准性能的 50%。

1.3 结构上的作用

1.3.1 综合管廊结构上的作用，按性质可分为永久作用和可变作用。

1.3.2 结构设计时，对不同的作用应采用不同的代表值。永久作用应采用标准值作为代表值；可变作用应根据设计要求采用标准值、组合值或准永久值作为代表值。作用的标准值应为设计采用的基本代表值。

1.3.3 当结构承受两种或两种以上可变作用时，在承载力极限状态设计或正常使用极限状态按短期效应标准值设计时，对可变作用应取标准值和组合值作为代表值。

1.3.4 当正常使用极限状态按长期效应准永久组合设计时，对可变作用应采用准永久值作为代表值。

1.3.5 结构主体及收容管线自重可按结构构件及管线设计尺寸计算确定。常用材料及其制作件的自重可按现行国家标准《建筑结构荷载规范》GB 50009 的规定采用。

1.3.6 预应力综合管廊结构上的预应力标准值，应为预应力钢筋的张拉控制应力值扣除各项预应力损失后的有效预应力值。张拉控制应力值应按现行国家标准《混凝土结构设计规范》GB 50010 的有关规定确定。

1.3.7 建设场地地基土有显著变化段的综合管廊结构，应计算地基不均匀沉降的影响，其标准值应按现行国家标准《建筑地基基础设计规范》GB 50007 的有关规定计算确定。

1.3.8 制作、运输和堆放、安装等短暂设计状况下的预制构件验算，应符合现行国家标准《混凝土结构工程施工规范》GB 50666 的有关规定。

1.4 现浇混凝土综合管廊结构

1.4.1 现浇混凝土综合管廊结构的截面内力计算模型宜采用闭合框架模型。作用于结构底板的基底反力分布应根据地基条件确定，并应符合下列规定：

1）地层较为坚硬或经加固处理的地基，基底反力可视为直线分布；

2）未经处理的软弱地基，基底反力应按弹性地基上的平面变形截面计算确定。

1.4.2 现浇混凝土综合管廊结构设计应符合现行国家标准《混凝土结构设计规范》GB 50010，《纤维增强复合材料建设工程应用技术规范》GB 50608 的有关规定。

1.5 预制拼装综合管廊结构

1.5.1 预制拼装综合管廊结构宜采用预应力筋连接接头、螺栓连接接头或承插式接头。当场地条件较差，或易发生不均匀沉降时，宜采用承插式接头。当有可靠依据时，也可采用其他能够保证预制拼装综合管廊结构安全性、适用性和耐久性的接头构造。

1.5.2 仅带纵向拼缝接头的预制拼装综合管廊结构的截面内力计算模型宜采用与现浇混凝土综合管廊结构相同的闭合框架模型。

1.5.3 预制拼装综合管廊拼缝防水应采用预制成型弹性密封垫为主要防水措施，弹性密封垫的界面应力不应低于 1.5MPa。

1.5.4 拼缝弹性密封垫应沿环、纵面兜绕成框型。沟槽型式、截面尺寸应与弹性密封垫的型式和尺寸相匹配（图 1.5.4）。

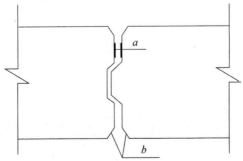

图 1.5.4　拼缝接头防水构造
a—弹性密封垫材；b—嵌缝槽

1.5.5 拼缝处应至少设置一道密封垫沟槽，密封垫及沟槽的截面尺寸应符合下式要求：

$$A = 1.0A_。\sim1.5A_。$$

式中：A——密封垫沟槽截面积；

$A_。$——密封垫截面积。

1.5.6 拼缝处应选用弹性橡胶与遇水膨胀橡胶制成的复合密封垫。弹性橡胶密封垫宜采用三元乙丙（EPDM）橡胶或氯丁（CR）橡胶。

1.5.7 复合密封垫宜采用中间开孔、下部开槽等特殊截面的构造型式，并应制成闭合框型。

1.5.8 采用高强钢筋或钢绞线作为预应力筋的预制综合管廊结构的抗弯承载能力应按现行国家标准《混凝土结构设计规范》GB 50010 有关规定进行计算。采用纤维增强塑料筋作为预应力筋的综合管廊结构抗弯承载力计算应按现行国家标准《纤维增强复合材料建设工程应用技术规范》GB 50608 有关规定进行设计。

1.5.9 预制拼装综合管廊拼缝的受剪承载力应符合现行行业标准《装配式混凝土结构技术规程》JGJ 1 的有关规定。

1.6 构造要求

1.6.1 综合管廊结构应在纵向设置变形缝，变形缝的设置应符合下列规定：

1) 现浇混凝土综合管廊结构变形缝的最大间距应为 30m；

2) 结构纵向刚度突变处以及上覆荷载变化处或下卧土层突变处，应设置变形缝；

3) 变形缝的缝宽不宜小于 30mm；

4) 变形缝应设置橡胶止水带、填缝材料和嵌缝材料等止水构造。

1.6.2 混凝土综合管廊结构主要承重侧壁的厚度不宜小于 250mm，非承重侧壁和隔墙等构件的厚度不宜小于 200mm。

1.6.3 混凝土综合管廊结构中钢筋的混凝土保护层厚度，结构迎水面不应小于 50mm，结构其他部位应根据环境条件和耐久性要求并按现行国家标准《混凝土结构设计规范》GB 50010 的有关规定确定。

1.6.4 综合管廊各部位金属预埋件的锚筋面积和构造要求应按现行国家标准《混凝土结构设计规范》GB 50010 的有关规定确定。预埋件的外露部分，应采取防腐保护措施。

附录 B　国内止水带生产简介

1. 概况

止水带是利用橡胶等高分子材料的高弹性和压缩变形性，在各种荷载下产生压弹变形，主要用于水利、水电工程、综合管廊、隧道地铁、人防工事等的永久性接缝及周边接缝上。起到紧固密封，有效地防止建筑构件的漏水渗水，减震缓冲以及保证固定的混凝土结构和可移动钢件之间的有效密封等作用，以确保工程建筑物的使用寿命。

由于止水带是镶嵌在工程中的混凝土结构之间，施工后不能更换，属于永久性使用的产品，如果产品质量不过关，极易造成不可预计的损失。而该类产品所使用的地点大多是直接关系到国计民生的国家重点工程和设施，因此，这种产品可以认为是影响国计民生的重要工业产品。

目前国家标准 GB 18173.2—2014《高分子防水材料 第二部分 止水带》已于 2015 年 5 月 1 日实施。

国家于 2006 年 12 月 20 日开始对橡胶止水带产品实施生产许可证管理，并由国家质量监督检验检疫总局管理的发证产品；2011 年 1 月 1 日起国家下放为各省局的发证产品。

2. 产品标准

表 1　物理性质(《高分子防水材料 第二部分 止水带》GB 18173.2—2014)

序号	检验项目			指标		试验仪器	备注
			B, S	JX	JY		
1	硬度，(邵尔 A) 度		60±5	60±5	40—70	硬度计	重要项
2	拉伸强度（MPa）	≥	10	16	16	材料试验机	重要项
3	扯断伸长率（%）	≥	380	400	400	材料试验机	重要项
4	压缩永久变形	70℃×24h（%）　≤	35	30	30	材料试验机	重要项
		23℃×168h（%）　≤	20	20	15		
5	撕裂强度（kN/m）	≥	30	30	20	材料试验机	重要项
6	脆性温度（℃）	≤	−45	−40	−50	材料试验机	重要项
7	热空气老化 70℃×168h	硬度变化（邵尔 A），度 ≤	+8	+6	+10	老化试验机，材料试验机	重要项
		拉伸强度（MPa）　≥	9	13	13		
		扯断伸长率（%）　≥	300	320	300		
8	臭氧老化（50pphm，20%，48h）		无裂纹			臭氧老化试验机	重要项
9	橡胶与金属粘合		橡胶间破坏	—	—	材料试验机	重要项

序号	检验项目	指标			试验仪器	备注
		B, S	JX	JY		
10	橡胶与帘布粘合强度	—	5	—	材料试验机	重要项
11	规格尺寸	—	—	—	量具	一般项
12	外观质量	—	—	—	量具	一般项

3. 国内止水带生产企业简介及重点工程应用

3.1 山东龙祥橡塑制品有限公司

山东龙祥橡塑制品有限公司始建于 1988 年，公司占地面积 12.8 万 m²，建筑面积 5.6 万 m²，现有职工 518 人，有南、北两个生产厂区，其中北厂区建设项目列入 2009 年德州市重大项目建设名单。

3.1.1 公司主要生产设备情况介绍

公司现有各式机械加工设备 410 台套，起重设备 36 台，橡胶硫化设备 100 余台，公司从国外进口先进微波硫化挤出生产线两条，自动化橡胶密炼生产线一条，防水卷材生产线一条，现公司橡胶胶料车间日产能约 30t，已形成年生产止水带达 572 万 m，桥梁支座 13.2 万台，伸缩缝装置 20 万 m，橡胶密封条 5000 余 t 的生产能力。

3.1.2 公司主要检测设备情况介绍

公司拥有台湾、德国制造的微机控制橡胶压剪试验机、拉力试验机、发泡橡胶无转子硫化仪、数字显示万能材料实验机、高速自动引燃炉、橡胶低温脆性试验仪等高科技含量的检验检测设备 60 余台，公司 2007 年获得中国石油和化学工业联合会（省级）质量检验机构定级证书 A 级证书，公司具备较完整的检测能力，能够保证检测结果的客观性、准确性。

3.1.3 体系建设

公司已获得 ISO9001：2008 与 ISO/TS16949：2009 质量体系认证；ISO14001：2004 环境体系认证；GB/T 28001：2011 职业健康安全管理体系认证；公路桥梁支座生产许可证；橡胶密封制品生产许可证；建筑防水卷材生产许可证。

3.2 江阴海达橡塑股份有限公司

该公司以橡塑材料改性研发为核心，紧紧围绕密封、减振两大基本功能，致力于关键橡塑部件的研发、生产和销售，为全球客户提供密封、减振系统解决方案，产品广泛应用于轨道交通、建筑、汽车、航运等四大领域。公司被认定为江苏省高新技术企业、国家火炬计划重点高新技术企业。公司于 2012 年 6 月在深圳证券交易所挂牌上市（股票简称：海达股份，股票代码：300320），为公司发展揭开了新的篇章。

海达股份从 1997 年开始进入工程橡胶制品领域，并在 2000 年成功开发出了"海达"品牌的盾构管片密封产品，产品性能可与国外产品相媲美，在北京地铁五号线试验段后续工程、北京亮马河排污隧道盾构工程得到了成功应用之后，在全国所有盾构法施工的隧道中开始了全面应用，对进口产品实现了成功替代。

到目前为止，"海达"盾构防水产品已经为国内超过 40 个城市的地铁隧道、超过 120 个大型公路（铁路）过江（过河）隧道、引水隧道、电力隧道、输气隧道等盾构工程成功配套，累计供货量已经超过 120 万环（折合隧道长度约为 1500km），在国内盾构防水材料市场占有率接近 50%，是行业内公认的"技术实力最强、生产规模最大、产品质量最优"的龙头企业。

代表性工程有世界上最大直径的盾构隧道——"上海崇明越江公路隧道（盾构直径 15.2m）"、万里长江第一隧——"武汉长江隧道"、国内第一条铁路过江盾构隧道——"广深港客运专线狮子洋隧道"、国内第一条下穿黄河盾构隧道——"南水北调中线河南温县穿黄隧道"、国内第一条跨海盾构隧道——"广东台山核电项目取水隧道"、国内第一条跨境盾构隧道——"广深港客运专线深港隧道"。

3.3 丰泽工程橡胶科技开发股份有限公司

丰泽工程橡胶科技开发股份有限公司成立于 2003 年，位于河北省衡水经济开发区北方工业基地橡塑路 15 号，占地面积近 400 亩，现有建筑面积 68000m²。公司是中国工程橡胶产业制造基地骨干企业，全国橡标委橡胶杂品分技术委员会委员，中国橡胶工业协会质量授信企业，中国交通企业管理协会公路桥梁工程配件产品工作委员会副理事长单位，中国公路学会桥梁和结构工程分会理事单位，中国土木工程学会桥梁结构委员会会员单位，国家轨道交通产业技术创新联盟成都轨道协会会员单位，中国建筑金属结构协会建筑钢结构分会会员单位，北京茅以升科技教育基金会会员单位，河北衡水工程橡胶产业协会常务理事单位。铁路用橡胶止水带、桥梁支座、伸缩装置三类产品分别获得了中铁检验认证中心 CRCC 认证，是国家高新技术企业。2014 年河北省院士工作站和河北省减隔震工程技术研究中心落户丰泽股份。

丰泽股份生产的止水带、支座和伸缩装置三大系列主导产品已分别被京沪、京广、沪昆等地铁工程及武汉、郑州、昆明、呼和浩特等 80 余条高速公路工程所采用。

丰泽股份 2010 年 10 月股改完毕，于 2014 年 10 月被全国中小企业股权转让系统批准挂牌，登陆"新三板"，是丰泽股份发展史上的一座里程碑。

（石油和化学工业橡塑与化学品质量监督检验中心（北京）供稿）